JOACHIM ERDWEG

ASSEMBLER-
PROGRAMMIERUNG MIT DEM PC

**Eine schrittweise
und praxisnahe Einführung**

2., verbesserte und erweiterte Auflage

Die Deutsche Bibliothek – CIP-Einheitsaufnahme

Erdweg, Joachim:
Assembler-Programmierung mit dem PC:
eine schrittweise und praxisnahe Einführung /
Joachim Erdweg. – 2., verb. und erw. Aufl. –
Braunschweig; Wiesbaden: Vieweg, 1992

- IBM ist ein geschütztes Warenzeichen der International Business Machines.
- TASM, TLINK, TLIB, Turbo Debugger und Turbo Pascal sind geschützte Warenzeichen von Borland.
- MS-DOS und MASM sind geschützte Warenzeichen von Microsoft.

Das in diesem Buch enthaltene Programm-Material ist mit keiner Verpflichtung oder Garantie irgendeiner Art verbunden. Der Autor und der Verlag übernehmen infolgedessen keine Verantwortung und werden keine daraus folgende oder sonstige Haftung übernehmen, die auf irgendeine Art aus der Benutzung dieses Programm-Materials oder Teilen davon entsteht.

1. Auflage 1991
2., verbesserte und erweiterte Auflage 1992

Alle Rechte vorbehalten
© Springer Fachmedien Wiesbaden 1992
    Ursprünglich erschienen bei Friedr. Vieweg & Sohn Verlagsgesellschaft 1992.

Umschlaggestaltung: Schrimpf & Partner, Wiesbaden

Gedruckt auf säurefreiem Papier

ISBN 978-3-528-14791-4   ISBN 978-3-322-91940-3 (eBook)
DOI 10.1007/978-3-322-91940-3

Vorwort

In den letzten Jahren hat die Verbreitung von Personal Computern rasant zugenommen. In gleichem Maße ist die Zahl derjenigen gestiegen, die sich im Rahmen ihrer Ausbildung oder ihres Berufes mit der Programmierung dieser Rechner auseinandersetzen. Dies geschieht vorrangig in Programmiersprachen wie FORTRAN, COBOL, PASCAL, C oder BASIC.

Will man aber mehr über das erfahren, was bei in einem Computer vor sich geht, wenn ein Programm «läuft» oder wenn es zum Beispiel aus Zeitgründen nicht möglich ist, eine der erwähnten Sprachen zu verwenden, muß man sich auf der untersten Ebene mit dem Rechner auseinandersetzen. Hierzu muß man die Sprache kennen, die der Computer «spricht»: die Maschinen- oder auch Assemblersprache.

Das Ziel des vorliegenden Buches ist es, den Leser in die Assemblerprogrammierung von Personal Computern einzuführen. Dabei werden keinerlei Vorkenntnisse bezüglich des internen Aufbaus oder der Funktionsweise von Mikrocomputern oder deren Komponenten erwartet. Der Leser lernt schrittweise den Aufbau des Prozessors, die Mechanismen eines Betriebssystems und die Funktionsweise der einzelnen Maschinenbefehle kennen. Er erfährt, wie Programme aufgebaut sein müssen, damit sie vom Computer verstanden werden, wie man Assemblerroutinen in höhere Programmiersprachen einbindet und wie man mit einem Debugger Fehler in einem Programm findet und beseitigt. An Hand von zahlreichen Programmbeispielen werden die erworbenen Kenntnisse praktisch dargestellt und vertieft.

Ich möchte nicht unerwähnt lassen, daß dieses Buch kein Ersatz zu den Originalhandbüchern der von mir eingesetzten Programme darstellt. Eine Alternative zu diesen Unterlagen, die im Programmpaket *Turbo Debugger & Tools* mittlerweile einen Umfang von mehr als 1000 Seiten besitzen, scheint mir wenig sinnvoll. Gedacht ist dieses Buch vielmehr als Ergänzung, um dem Anfänger auf dem Gebiet der Assemblerprogrammierung in übersichtlicher Form einen Weg zu lauffähigen Assemblerprogrammen aufzuzeigen.

Angeregt zu diesem Buch wurde ich während meines Studiums der Elektrotechnik, Schwerpunkt Technische Informatik, an der Fachhochschule Frankfurt. Zwar gibt es sehr gute Bücher über das Betriebssystem MS-DOS und auch über die 80x86-Prozessoren. Eine praxisbezogene Einführung in das Thema Assemblerprogrammierung konnte ich jedoch nicht ausfindig machen. Mit dem vorliegenden Buch hoffe ich, Abhilfe für alle Assemblerneulinge geschaffen zu haben.

Inhaltsverzeichnis

1 Einleitung

1.1 Ein kurzer Abriß der Computergeschichte

Seit die erste programmierbare Rechenmaschine, die legendäre Z1, durch Konrad Zuse im Jahre 1938 realisiert wurde, ist die Entwicklung anfangs langsam, später jedoch rasant vorangeschritten. Wollte der Bauingenieur Zuse vor mehr als 50 Jahren eine Maschine bauen, die ihn von den aufwendigen, aber eintönigen statischen Berechnungen entlastet, ist heutzutage eine Rechenmaschine aus unserem Leben nicht mehr wegzudenken.

Der erste Computer (aus dem Englischen: to compute - rechnen) war noch aus mechanischen, bistabilen Schaltelementen aufgebaut und benötigte dementsprechend viel Platz. Auch die Einführung von Relais und Elektronenröhren konnte an der räumlichen Ausdehnung nichts ändern. Wer wollte schon wie Zuse ein ganzes Zimmer für eine Rechenmaschine opfern?[1] Erst die Entwicklung des Transistors und der integrierten Schaltungen ermöglichte es, Rechenmaschinen so zu verkleinern, daß die heutigen Mikrocomputer entstanden. Als bedeutende Hersteller und Entwickler von Prozessoren bildeten sich die Firmen INTEL und MOTOROLA heraus.

Die kompakten Maße und die Leistungsfähigkeit waren die wesentlichen Gründe dafür, daß sich der Mikrocomputer weltweit seine heutige Stellung erobern konnte. Die Geschäftspolitik des weltgrößten Computerherstellers IBM, der alles daran setzte, ein Monopol auf diesem Gebiet aufzubauen, tat durch die hiermit verbundene Standardisierung ein übriges. IBM prägte unter anderem den Begriff *Personal Computer*, der weltweit als Bezeichnung für eine bestimmte Rechnergröße durchsetzte. Erst jüngster Zeit können sich andere Hersteller mit anderen Konzepten langsam Marktanteile bei privaten und professionellen Abnehmern sichern. Hierzu zählen zum Beispiel APPLE, ATARI und COMMODORE.

In der industriellen Anwendung konnten sich diese bis heute jedoch noch nicht durchsetzen. Hier gilt nach wie vor der Begriff «IBM-Kompatibilität» als Wegweiser für die Auswahl von Mikrocomputern. Der problemlose Einsatz der vorhandenen Software

---

[1] Wer sich einen Eindruck von der Größe und der Technologie der ersten Computer verschaffen möchte, dem empfehle ich einen Besuch des Deutschen Museums in München.

auf neuen Rechnern, die mit INTEL-Prozessoren der 80x86-Familie aufgebaut sind, ist
dadurch garantiert, auch wenn gerade Rechner auf Basis des 68000-Prozessors von
MOTOROLA auf manchen Gebieten leistungsfähiger sein können.

1.2 Die Entwicklung der Computersprachen

Aus den Grundlagen, die Gottfried Wilhelm Leibniz (1646-1716) für das duale
Zahlensystem, George Boole (1815-1864) für die nach ihm benannte (Boolesche)
Algebra, Charles Babbage (1792-1871) für die Programmsteuerung, Hermann Hollerith
(1860-1929) durch die Erfindung eines Lochkartensystems und viele andere Mathematiker, Ingenieure und Erfinder im Laufe der Zeit schufen, ergab es sich, daß die
elektronischen Rechenmaschinen auf Basis des binären Zahlensystems aufgebaut
wurden. Ein elektrisches Äquivalent für die Zahlen 0 und 1 läßt sich zum Beispiel
einfach durch einen offenen bzw. geschlossenen Schalter schaffen. Auf dieser Basis
mußten die ersten Computer programmiert werden. Man nannte die hierzu notwendigen
Anweisungen Maschinenbefehle und entwickelte hieraus symbolische Bezeichnungen,
die man *Mnemonik* taufte. Die Sammlung dieser Befehle nennt man Maschinen- oder
Assemblersprache.

Durch die zunehmende Leistungssteigerung der Rechner war es möglich, Programme
zu entwickeln, die Programme mit einer anwenderfreundlicheren Sprachsyntax in die
Maschinensprache übersetzen konnten, und nannte sie Compiler. So entstanden 1954-
1957 FORTRAN (*FOR*mula *TRAN*slation Language), 1960 COBOL (*CO*mmon *B*usiness
*O*rientated *L*anguage), ALGOL (*ALGO*rithmic *L*anguage) und BASIC (*B*eginner's *A*ll-
purpose *S*ymbolic *I*nstruction *C*ode) oder 1970 PASCAL, um nur einige Beispiele aus
der babylonischen Vielfalt der verschiedenen Computerdialekte zu nennen. Je nach
Anwendungsfall ist der Programmierer heute in der Lage, sich eine Sprache zu wählen,
mit der er ein anstehendes Problem zu lösen sucht.

1.3 Einsatzgebiete von Programmiersprachen

Für die Verwendung auf Mikrocomputern haben sich BASIC, als eine einfach zu
lernende Sprache, PASCAL für mathematisch-wissenschaftliche Anwendungen und C
für eine systemnahe Programmierung durchgesetzt. Programme werden heute so geschrieben, daß sie sich am zu lösenden Problem orientieren und nicht am zur Lösung
verwendeten Hilfsmittel.

Wenn es aber darum geht, ein Programm so zu entwerfen, daß möglichst wenig Platz für den notwendigen Programmcode belegt oder daß für die Ausführung der einzelnen Anweisungen so wenig Zeit wie möglich beansprucht wird (Stichwort: Echtzeit-Programmierung), kommt man an der Programmierung in Assembler nicht vorbei. '

In vielen Fällen greift man aber auch zu einer Kombination von beiden Methoden. Das Hauptprogramm wird in einer höheren Programmiersprache geschrieben und nur dort, wo der Einsatz von Unterprogrammen in Maschinensprache notwendig und sinnvoll ist, werden diese in Assembler entwickelt und eingebunden. Für die Entwicklung setzt man entweder einen externen Assemblierer (TASM, MASM, o.ä.) oder einen in die Entwicklungsumgebung der Hochsprache integrierten Assemblierer ein. Die letztere Option bieten beispielsweise die Entwicklungsumgebungen von Microsoft C, Borland C oder Turbo Pascal. Durch dieses Vorgehen ist man in der Lage, die Vorteile beider Methoden unter Umgehung der jeweiligen Nachteile auszunutzen.

2 Grundlagen der INTEL-Prozessoren

2.1 Die Geschichte der PC-Prozessoren

Mit der Entwicklung des 8086-Prozessors ist es INTEL erstmals gelungen, Daten mit einer Breite von 16 Bit parallel zu verarbeiten. Dabei wurde das Konzept verfolgt, daß Programme zu dem älteren 8-Bit-Mikroprozessor 8080A aufwärtskompatibel sind. Aufwärtskompatibilität bedeutet, daß Programme älterer Prozessoren auch auf neuen Prozessoren lauffähig sind.

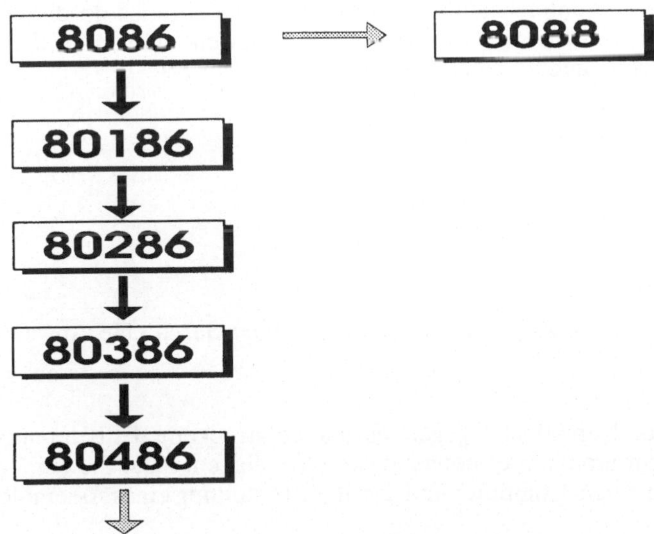

Bild 2-1 Entwicklung der 80x86-Prozessorfamilie

Während diese Kompatibilität bei der Kombination 8086 - 8080A nur für Maschinenprogramme gilt, sind die Prozessoren der 80x86-Familie voll softwarekompatibel, d.h. auch Programme mit mnemonischen (symbolischen) Anweisungen können auf Systemen mit neueren Prozessoren übersetzt und anschließend abgearbeitet werden.

In Bild 2-1 läßt sich die Entwicklung der 80x86-Familie erkennen, die heute bis zum 80486 mit 32-Bit-Datenbreite reicht. Aus dieser Struktur fällt der 8088-Prozessor etwas heraus, da er intern die Daten zwar mit 16 Bit Breite verarbeitet, extern aber nur 8-Bit-Daten überträgt.

Für den Programmierer stellt sich somit zunächst nicht die Frage, für welchen Prozessortyp er sein Programm entwickeln soll. Ein Programm für den 8086, der im IBM-XT eingesetzt wurde, kann auch auf einem IBM-AT mit dem 80286 und auf 80386-Rechnern eingesetzt werden. Dennoch sollte er sich diese Entscheidung nicht so einfach machen, denn die neuen Prozessoren verfügen in aller Regel über einen erweiterten und komplexeren Befehlssatz. So ist ein Programm, das 80286-Befehle enthält, zwangsläufig nicht auf einem 8086/8088-Rechner einsetzbar. Die Entscheidung, für welchen Rechnertyp man sich entscheidet, ist also nicht nur ein technologisches, sondern auch ein wirtschaftliches Problem. Bedenkt man, daß die heutigen IBM-AT-kompatiblen Rechner bis zu einem Faktor von 4 oder höher schneller sind als ihre Vorgänger und sogar Rechner mit einem 80386-Prozessor zu einem für nahezu jeden erschwinglichen Preis auf dem Markt erhältlich sind, sollte man sich mindestens für eine 80286-Programmierung entscheiden.

Ein Beispiel für den unterschiedlichen Befehlssatz möchte ich an dieser Stelle geben: Um den Inhalt der einzelnen Prozessorregister zu retten, müssen für den 8086 und den 8088 die folgenden Befehle eingegeben werden:

```
push ax
push cx
push dx
push bx
push sp
push bp
push si
push di
```

Das gleiche Ergebnis erzielt man für 80286-Rechner durch eine Anweisung:

```
pusha
```

Das nun folgende Kapitel ist zugegebenermaßen «trocken». Es beinhaltet aber die für den Maschinenprogrammierer notwendigen Grundlagen, ohne die ein Verständnis der Mechanismen in einem Computer und damit die Erstellung eines Assemblerprogrammes unmöglich ist.

Es sei an dieser Stelle noch erwähnt, daß ich mich in diesem Buch auf die Beschreibung der Assemblerprogrammierung im *Real Mode* unter MS-DOS beschränke. Die Berücksichtigung der Möglichkeiten, die die Programmierung im sogenannten *Protected Mode* bietet (z.B. Multitasking- und Multiusersysteme), würde den Rahmen dieses Einführungsbuches sprengen.

> **Wichtig:** Alle Beispielprogramme in diesem Buch sind für 80286-Prozessoren
> geschrieben. Mit Hilfe der Befehlstabelle für 80x86-Prozessoren im
> Anhang können die notwendigen Änderungen für den 8086/8088-Be-
> fehlssatz durchgeführt werden.

2.2 Aufbau des Prozessors

Für ein Verständnis der Arbeitsweise eines Prozessors ist die Kenntnis seines
prinzipiellen Aufbaus notwendig. Ein Prozessor kann in fünf Bereiche gegliedert werden
wie sie in Bild 2-2 dargestellt sind.

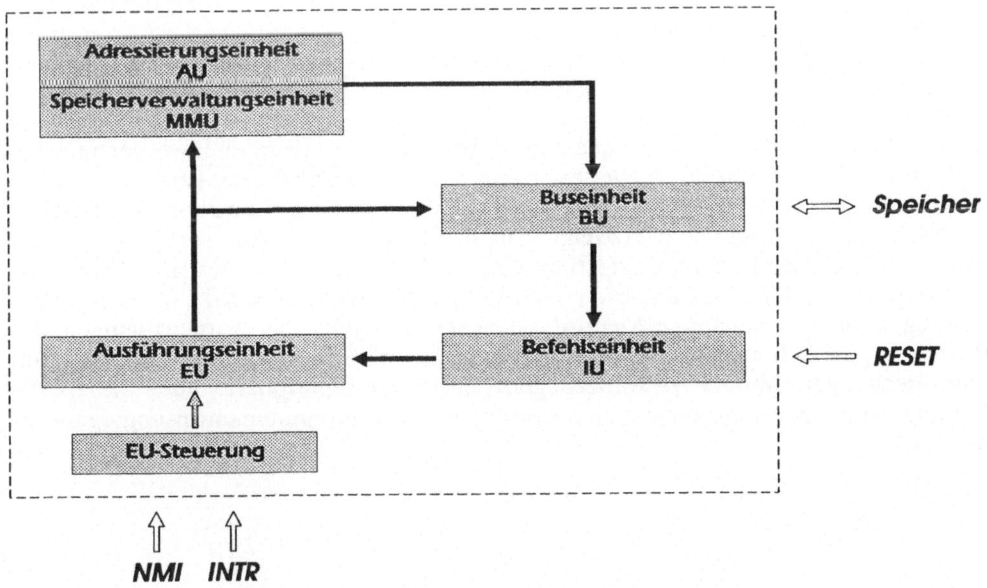

Bild 2-2 Schematischer Aufbau eines Prozessors

Die Buseinheit (engl. Bus Unit, BU) stellt die Schnittstelle der CPU mit der «Außen-
welt» dar. Sowohl der Adreßbus, über den die Peripherie (Steuerbausteine für serielle
Schnittstellen, Grafikkarte, I/O-Karten, ...) angesprochen werden, als auch der Datenbus,

über den die Daten vom oder zum Prozessor transportiert werden, werden von dieser Einheit verwaltet.

Maschinenbefehle gelangen über einen Datenpuffer in die Befehlseinheit (engl. Instruction Unit, IU). Dort werden sie dekodiert und an eine Warteschlange (engl. Instruction Queue) angehängt. Diese Warteschlange ermöglicht es, die Leistungsfähigkeit des Prozessors durch die Überbrückung relativ langsamer Buszugriffe zu steigern.

Aus der Befehlswarteschlange heraus werden diese in die Ausführungseinheit oder Execution Unit (EU) übertragen. Der Befehlszähler als Bestandteil dieses Bereichs zeigt dabei immer auf den nächsten, aus der Warteschlange zu übertragenden Befehl. Eine Anweisung, die sich bereits in der Ausführungseinheit befindet, muß schließlich nicht mehr adressiert werden, da sie am Ziel ihrer Reise angetroffen ist.

Wie der Name schon besagt, werden in dieser Abteilung die Maschinenbefehle unter Einsatz der Prozessor-Register abgearbeitet, wobei immer wieder Zugriffe auf den Arbeitsspeicher und die Peripherie der CPU notwendig sind. Die Verwaltung des Arbeitsspeichers ist die Aufgabe der Speicherverwaltungseinheit (engl. Memory Management Unit, MMU), welche in Verbindung mit der Adressierungseinheit (engl. Address Unit, AU) für die Aufteilung des Speichers in Segmente und die Adressierung der einzelnen Speicherbereiche zuständig ist. Der eigentliche Zugriff auf den Speicher erfolgt wiederum über die Buseinheit.

Da es Ereignisse geben kann, die quasi sofort vom Prozessor bearbeitet werden müssen, verfügt die CPU mehrere Steuerleitungen. Die wichtigsten drei sind in Bild 2-2 dargestellt. Die RESET-Leitung sorgt dafür, daß an die erste Position der Befehlswarteschlange eine Programmverzweigung in die BIOS-Routine (Adresse F000h:FFF0h) zum Warmstart des Rechners eingefügt wird, nachdem der Inhalt der BIOS-Speicherstelle an Adresse 40h:72h auf den Wert 4321h bzw. 1234h gesetzt wurde. Über die NMI-Leitung können sogenannte *Nicht-Maskierbare-Interrupts* die Aufmerksamkeit des Prozessors auf sich ziehen. Als Gegenstück zu diesen *nicht abschaltbaren* Programmunterbrechungen, können Anforderungen der Prozessorperipherie über die INTR-Leitung vom Prozessor nach einer entsprechenden Programmanweisung ignoriert werden.

2.3 Prozessor-Register

Die 80x86-Prozessoren besitzen interne Speicherplätze, die als Register bezeichnet werden (Tabelle 2-1). Nur über sie kann der Prozessor auf Daten im Arbeitsspeicher zugreifen, diese bearbeiten und zurückschreiben. Ab dem 80386 sind 32-Bit-Register und zwei zusätzliche Segmentregister (FS und GS) vorhanden.

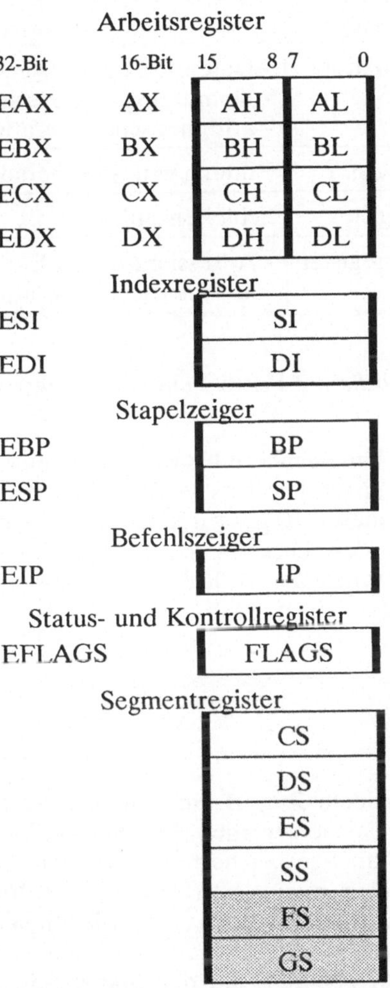

Tabelle 2-1 Übersicht über die Prozessor-Register

2.3.1 Arbeitsregister

Der Prozessor verfügt über vier Arbeitsregister, auf die während der Programmierung hauptsächlich zurückgegriffen wird. Sie werden in der Regel explizit mit Werten versorgt und müssen auch in der Regel ausdrücklich angesprochen werden.

Register	Bezeichnung	Verwendungsbeispiele
(E)AX	Akkumulator	- Daten für Ein-/Ausgabeoperationen - Unmittelbare Adressierung - arithmetische Operationen
(E)BX	Basisregister	Bildung von Speicheradressen
(E)CX	Zählregister	Schleifenzähler
(E)DX	Richtungsregister	- Adressierung von Ein-/Ausgabekanälen - arithmetische Operationen

Tabelle 2-2 Verwendung der Arbeitsregister

Jedes dieser Register hat bei Rechnern bis zum 80286 eine Größe von 16 Bit; ab dem 80386 sind dies 32-Bit-Register. Die Bits werden übrigens immer von Null an gezählt. Im Gegensatz zu allen anderen Registern können die Arbeitsregister auch als 8-Bit-Register angesprochen werden. Dies hat zum Beispiel einen Sinn bei der Bearbeitung der ASCII-Zeichen (Dezimalcode 0...127) bzw. dem erweiterten PC-Zeichensatz (Dezimalcode 0...255).

2.3.2 Zeigerregister

Die Zeigerregister dienen dem Zugriff auf Daten, die auf dem sogenannten Stapel (engl.: Stack) zwischengespeichert werden. Der Stackpointer (SP) zeigt üblicherweise auf das zuletzt auf dem Stapel gespeicherte Datum. Sein Inhalt wird bei PUSH- bzw. POP-Anweisungen implizit, d. h. automatisch verändert. Vor der Manipulation dieses Registers möchte ich alle warnen, die noch nicht «fließend» Assembler programmieren.

Der Basepointer (BP), der ebenfalls auf den Stapel zeigt, wird vom Programmierer gesetzt. Beachten Sie, daß der Befehlszähler (Instruction Pointer, IP) immer auf den *nächsten* auszuführenden Befehl zeigt. Der aktuell auszuführende Befehl ist ja schon in die CPU geholt worden.

2.3.3 Indexregister

Mit den beiden Indexregistern SI (Source Index, Quellindex) und DI (Destination Index, Zielindex) werden Speicherplätze adressiert, wenn zum Beispiel Zeichenketten (Strings) bearbeitet werden sollen. Bei einigen arithmetischen und logischen Operationen können sie aber auch Operanden enthalten.

2.3.4 Segmentregister

Der gesamte Arbeitsspeicher eines Rechners mit einem Prozessor der Typen 8086 bis 80286 wird mit Hilfe von vier Segmentregistern verwaltet. Damit sind vier logische Bereiche des Arbeitsspeichers direkt adressierbar. Die 80386-CPU stellt hierfür insgesamt sechs Segmentregister zur Verfügung.

Wie aus Tabelle 2-3 ersichtlich ist, ist der Bereich, in dem sich die einzelnen Anweisungen für den Prozessor befinden, in der Regel eindeutig von den anderen Bereichen getrennt (EXE-Programme). Auf die einzige Ausnahme von dieser Regel (COM-Programme) werde ich später eingehen.

Register	Bezeichnung	Bedeutung
CS	Codesegment	zeigt immer auf den Speicherbereich, in dem sich die gerade auszuführenden Maschinenbefehle befinden
DS	Datensegment	zeigt auf den Datenbereich
SS	Stapelsegment	zeigt auf den Stapel, der zum Zwischenspeichern von Daten genutzt wird
ES	Extrasegment	zeigt auf einen weiteren Datenbereich
FS	Extrasegment	ab 80386: frei verfügbar
GS	Extrasegment	ab 80386: frei verfügbar

Tabelle 2-3 Verwendung der Segmentregister

Diese notwendige Trennung ist für einen Programmierer, der nicht auf Assemblerebene arbeitet, nicht von Bedeutung. Er programmiert zum Beispiel:

```
Anna := Berta + 10;
```

Die Aufteilung in Code- und Datensegment übernimmt der Assemblierer (Programmübersetzer). In Maschinensprache müssen Sie die Speicherverwaltung selber beachten, und die gleiche Berechnung würde zum Beispiel wie folgt aussehen:

```
mov ax, DS:Berta   ; Inhalt der Speicherstelle "Berta" nach AX holen
add ax, 10         ; 10 hinzuaddieren
mov DS:Anna, ax    ; Ergebnis in die Speicherstelle "Anna" schreiben
```

2.3.5 Prozessor-Status-Register

Für den Ablauf eines Programmes ist der Inhalt des Prozessor-Status-Registers (engl. *Processor Status Word*, PSW) von großer Bedeutung.

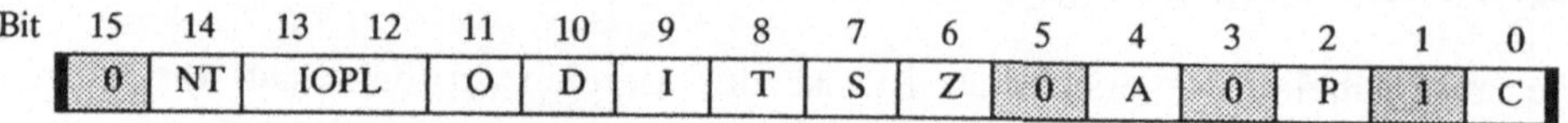

Tabelle 2-4 Flag-Register (8086/8088, 80286)

Dabei unterscheidet man die einzelnen Bitpositionen (Flags). Zum einen gibt es die Steuer-Flags, die der Programmierer setzt (Inhalt: 1) bzw. löscht (Inhalt: 0), zum anderen die Ergebnis-Flags, die nach der Ausführung verschiedener Befehle vom Prozessor automatisch gesetzt oder gelöscht werden. Durch eine Abfrage des Zustands einzelner Flags kann der Programmierer auf die unterschiedlichen Situationen gezielt reagieren. So deutet ein gesetztes Carry-Flag nach dem Aufruf einer MS-DOS-Funktion in der Regel auf einen aufgetretenen Fehler hin.

Tabelle 2-5 Erweitertes Flag-Register (ab 80386)

Die schraffierten Bitpositionen sind reserviert und enthalten normalerweise den angegebenen Wert.

Den Aufbau des Flagregisters für 8086/8088 und den 80286 können Sie Tabelle 2-4 entnehmen. Ab dem 80386 existiert ein erweitertes Flag-Register, das in Tabelle 2-5 dargestellt ist.

Flag	Bezeichnung	ab	Wert	Bedeutung
D	Direction	8086	1	Stringbefehle werden mit fallender Adresse bearbeitet
			0	Die Bearbeitung erfolgt mit steigenden Adressen
I	Interrupt Enable	8086	1	Externe Interrupts (über den Prozessoreingang INTR) können das gerade laufende Programm unterbrechen
			0	Derartige Interruptanforderungen werden ignoriert
T	Trap	8086	1	Einzelschrittmodus, d.h. nach jedem Befehl eines Programmes wird der Prozessor durch einen internen Interrupt angehalten
IOPL	I/O Privilege Level	80286		Wenn dieses Bit gesetzt ist, arbeitet der Prozessor im Protected Mode. Eine Unterstützung durch MS-DOS besteht dann nicht mehr.
			0	Ein-/Ausgabe nur für Tasks mit höchster Priorität
			1	Ein-/Ausgabe nur für Tasks mit Priorität 1 oder 0
NT	Nested Task	80286	1	Wird bei Prozeßverschachtelung im Protected Mode gesetzt.
R	Resume	80386	1	Dieses Bit legt fest, ab welcher Ebene ein Task (Programm im sogenannten '-Protected Mode') Ein- bzw. Ausgabeoperationen durchführen kann.
VM	Virtual 86 Mode	80386	1	Es werden vier 8086-Prozessoren simuliert
AC	Alignment Check	80486	1	Überprüfung der Adreßlage eines Wertes im Arbeitsspeicher (z.B. WORD an gerader Adresse)

Tabelle 2-6 Steuerflags

Flag	Bezeichnung	ab	Wert	Bedeutung
C	Carry	8086	1	Ein Übertrag aus dem höchstwertigen Bit des Ergebnisses heraus ist erfolgt.
O	Overflow	8086	1	Überschreitung des zulässigen Wertebereiches beim Rechnen mit *vorzeichenbehafteten* Zahlen (Zweier-Komplement)
A	Auxiliary	8086	1	Interner Übertrag von Bit 3 nach Bit 4 ist aufgetreten.
S	Sign	8086	1	Negatives Ergebnis
			0	Positives Ergebnis
Z	Zero	8086	1	Das Ergebnis einer Rechenwerksoperation ist gleich Null.
P	Parity	8086	1	Im Low-Byte des Ergebnisses ist die Zahl der auf "1" gesetzten Bits gerade.

Tabelle 2-7 Ergebnisflags

Carry-Flag

In das Übertrags- oder Carry-Flag wird nach arithmetischen Operationen ein Übertrag aus der höchstwertigen Stelle einer Zahl heraus eingetragen. Durch eine Überprüfung des Übertragsbit kann der Programmierer zum Beispiel bei der Addition zweier vorzeichenloser Zahlen auf eine Bereichsüberschreitung reagieren.

dual	hexadezimal	dezimal	
1010 0101b	A5h	165	
+ 1001 0001b	+ 91h	+ 145	
+ 1 1 b	+ 1 h	+ 11	Übertrag
1 0011 0110b	136h	310	

Ferner wird es bei manchen Schiebebefehlen benutzt und kennzeichnet bei den meisten MS-DOS-Funktionen das Auftreten eines Fehlers.

Overflow-Flag

Das Overflow-Flag zeigt an, ob der Gültigkeitsbereich für vorzeichenbehaftete Zahlen überschritten wurde. Bei diesen Zahlen gilt das höchstwertige Bit als Vorzeichen: Eine Null an dieser Stelle kennzeichnet positive Zahlen, eine Eins dementsprechend die negativen Zahlen. Dieses Flag wird gebildet durch eine EXOR-Verknüpfung des internen Übertrags in die Vorzeichenstelle hinein mit dem externen Übertrag aus der Vorzeichenstelle heraus. Ein Beispiel soll den Vorgang verdeutlichen:

Angenommen, Sie möchten zur größtmöglichen, vorzeichenbehafteten Zahl, die sich mit 8 Bit darstellen läßt, eine Zahl hinzuaddieren, so muß zwangsläufig ein Überlauf auftreten. Wenn das höchstwertige Bit als Vorzeichenstelle interpretiert wird, lautet die größte positive Zahl:

dual	hexadezimal	dezimal
0111 1111b	7Fh	127

Addieren Sie zu dieser Zahl eine Eins, ergibt sich:

dual	hexadezimal	dezimal	
0111 1111b	7Fh	127	
+ 0000 0001b	+ 1h	+ 1	
+ 0 1111 111 b	+ 1 h		Übertrag
1000 0000b	80h	128	

Interessant ist nun der Übertrag in die Vorzeichenstelle (1) und aus der Vorzeichenstelle (0) heraus. Die EXOR-Verknüpfung dieser Werte ergibt 1. Somit wird erwartungsgemäß das Überlaufflag gesetzt.

Auxiliary-Flag

Die gleiche Funktion wie das Übertragsflag nimmt das Auxiliary-Flag bei der Dezimalarithmetik mit binär-codierten Dezimalzahlen (BCD-Zahlen) wahr. BCD-Zahlen werden in einem Nibble (4 Bit) für das Speichern *einer* Ziffer verwendet wird, wobei nur die Ziffern 0...9 erlaubt sind. Es lassen sich also zwei BCD-Zahlen in einem Byte speichern. Das Auxiliary-Flag wird immer genau dann gesetzt, wenn ein Übertrag von Bit 3 nach Bit 4 auftritt.

dual	hexadezimal	dezimal	
1010 0101b	A5h	165	
+ 0001 1101b	+ 1Dh	+ 29	
+ 111 1 1 b	+ 1 h	1	Übertrag
1100 0010b	C2h	194	

Sign-Flag

Für die Generierung des Vorzeichen- oder Sign-Flags wird einfach nur eine Kopie des Vorzeichenbits des Ergebnisregisters angelegt. Über dieses Flag kann also recht einfach ein positives bzw. negatives Ergebnis einer arithmetischen Operation ermittelt werden. Beachten Sie aber, daß diese Kopie des höchstwertigen Bit immer angelegt wird, also auch, wenn Sie nicht mit vorzeichenbehafteten Zahlen operieren. Betrachtet man das Beispiel, das für das Überlaufflag verwendet wurde, und wertet die Zahlen als vorzeichenlos, wird dennoch das Sign-Flag gesetzt.

dual	hexadezimal	dezimal	
0111 1111b	7Fh	127	
+ 0000 0001b	+ 1h	+ 1	
+ 1111 111 b	+ 1 h		Übertrag
1000 0000b	80h	128	

Da aber zusätzlich das Überlaufflag gesetzt wird, müssen Sie entscheiden, wie das Ergebnis gewertet werden soll.

An dieser Stelle wird Ihnen sicher deutlich, daß Ihr Computer im Prinzip «dumm» ist. Er führt unbeirrt die programmierten Befehle aus und setzt dem Ergebnis einer Operation entsprechend die einzelnen Flags. Der Programmierer ist es, der die Intelligenz in ein Programm bringt.

Zero-Flag

Das Zero-Flag wird immer dann gesetzt, wenn das Ergebnis einer Operation gleich Null ist.

Parity-Flag

Der Begriff *Parität* ist Ihnen sicherlich in Zusammenhang mit der Übertragung von Daten über die serielle Schnittstelle Ihres Computers begegnet. Es wird hiermit eine Möglichkeit der Kontrolle der übertragenen Bits bezeichnet, die recht einfach durchzuführen ist. Die Zahl der gesendeten Bits mit dem Wert "1" wird erfaßt. Ist das Ergebnis gerade, spricht man von gerader Parität. Wenn bei der seriellen Kommunikation eine ungerade Paritätsüberprüfung verlangt wird, wird in diesem Fall zusätzlich ein "1"-Bit übertragen, damit die Zahl der gesetzten Bits wieder ungerade ist. Wäre die Anzahl der gesendeten "1"-Bits ungerade, müßte ein "0"-Bit nachgeschickt werden.

In ähnlicher Weise verhält sich das Parity-Flag der 80x86-CPU. Allerdings werden hier die *niederwertigeren* acht Bit des Ergebnisregisters untersucht. Das Flag wird dann gesetzt, wenn sich eine gerade Anzahl von "1"-Bits ergibt.

2.4 Die Adressierung

Die für den Assemblerprogrammierer wesentlichste Frage lautet:

"Wo stehen meine Daten?"

Kann man sich als Hochsprachen-Programmierer eigentlich immer ohne eine genaue Kenntnis der Speicherverwaltung des Computers helfen, so geht es jetzt ans «Eingemachte». Ohne ein fundiertes Wissen über die Adressierung des Arbeitsspeichers kann kaum ein Maschinenprogramm geschrieben werden.

2.4.1 Berechnung der physikalischen Adresse

Wie der Begriff «physikalische» Adresse schon verrät, gibt es offensichtlich noch mindestens eine weitere; diese nennt man «logisch». In Kapitel 2.3.4 habe ich Sie schon mit den Segmentregistern bekannt gemacht. Sie sind 16 beziehungsweise 32 Bit breit und enthalten die Adresse, an dem ein Segment beginnt. Diese Adresse wird als Segmentbasisadresse bezeichnet. Mit einem solchen Register allein könnte ein Speicherbereich von höchstens

$$2^{16} \text{ Byte} = 65535 \text{ Byte} = 64 \text{ Kilobyte}$$

beschrieben werden.

In Kombination mit einem weiteren 16-Bit-Register, das die effektive Adresse innerhalb eines Segments enthält, kann dieser Adressenraum wesentlich erweitert werden.

Im Real Mode der 80x86-Prozessoren wird dabei folgende Methode angewendet:

Segmentbasisadresse	XXXX XXXX XXXX XXXX 0000	(b, binär)
effektive Adresse	+ 0000 YYYY YYYY YYYY YYYY	(b, binär)
absolute Adresse	ZZZZ ZZZZ ZZZZ ZZZZ YYYY	(b, binär)

Durch diesen Trick erhält man eine 20-Bit-Zahl. Die Breite entspricht genau der Anzahl von Adreßleitungen des 8086/8088-Prozessors. Auf seiner Basis konnten sich die Personal Computer weltweit durchsetzen, und bis heute arbeitet das Betriebssystem MS-DOS[1] auf dieser Grundlage.

Mit der absoluten 20-Bit-Adresse kann nun ein Speicher mit einer Größe von

$$2^{20} \text{ Byte} = 1048576 \text{ Byte} = 1024 \text{ Kilobyte} = 1 \text{ Megabyte}$$

verwaltet werden.

In Maschinenprogrammen wird die absolute Adresse durch die Schreibweise

$$\text{Segmentbasisadresse:effektive Adresse}$$

angegeben.

```
mov ax, DS:SI   ; DS: Segmentbasisadresse
                ; SI: effektive Adresse
```

Wird ein Speicherplatz in dieser Form angesprochen, bezeichnet man die effektive Adresse auch als *Offset* oder *Displacement*, d.h. als Abstand vom Segmentanfang.

Einige Kombinationen von Registern zur Adreßbildung sind bei 80x86-Prozessoren fest vorgegeben. Hierzu gehört vor allem das Registerpaar CS:IP, welches innerhalb vom Codesegment auf den nächsten auszuführenden Befehl zeigt, und die Kombination SS:SP für den Zugriff auf den Stapel. Andere Paarungen können frei gewählt werden.

---

[1]   Die MS-DOS-Version 5.0 ermöglicht es erstmals, auf den Speicherbereich oberhalb der 1-MB-Grenze zuzugreifen.

Dual, dezimal, hexadezimal

Ich möchte die verschiedenen Schreibweisen für die Zahlenangaben, die innerhalb eines Assemblerprogrammes Verwendung finden, in diesem Abschnitt kurz erläutern.

In der Computertechnik haben wir es mit Informationen zu tun, die bitweise oder in Gruppen von 8, 16 oder 32 Bit beschrieben werden. Um auf den Wert eines einzelnen Bits schließen zu können, ist es recht umständlich, das Dezimalzahlsystem zu bemühen. Geeigneter ist hierfür das Dualzahlsystem. In ihm gibt es nur die Zahlenwerte 0 und 1, denn ein Bit ist entweder gesetzt oder nicht gesetzt.

Will man größere Bitgruppen beschreiben, so werden die Dualzahlen zu lang und man verwendet üblicherweise das Hexadezimalsystem. Mit seiner Hilfe können z. B. 16 Bit eines Prozessorregister mit nur zwei Zeichen eindeutig dargestellt werden.

System	Basis	Beispiel							
dezimal	10	123 $=$			$1{\cdot}10^2$	$+$	$2{\cdot}10^1$	$+$	$3{\cdot}10^0$
dual	2	1001 $-$	$1{\cdot}2^3$	$+$	$0{\cdot}2^2$	$+$	$0{\cdot}2^1$	$+$	$1{\cdot}2^0$
hexadezimal	16	1A13 $=$	$1{\cdot}16^3$	$+$	$10{\cdot}16^2$	$+$	$1{\cdot}16^1$	$+$	$3{\cdot}16^0$

Die Umrechnung vom Dual- ins Hexadezimalsystem kann sehr leicht durchgeführt werden, wenn die einzelnen Bits in Gruppen von jeweils 4 Bit aufgeschrieben werden. Entsprechend dem obigen Beispiel werden nun diese Gruppen einzeln ins Dezimalsystem umgerechnet. Dabei können nur Werte zwischen 0 und 16 auftreten.

$$\begin{array}{lccccc}
\text{dual:} & 1010 & 0011 & 1011 & 1111 & b \\
\text{dezimal:} & 10 & 3 & 11 & 15 & \\
\text{hexadezimal:} & A & 3 & B & F & h
\end{array}$$

Andere Umrechnungen gestalten sich umständlicher, da sie wie oben beschrieben durchgeführt werden müssen. Mit einer eingehenderen Beschreibung möchte ich Sie an dieser Stelle jedoch nicht langweilen, da es inzwischen genügend Taschenrechner gibt, die diese Umrechnungen beherrschen.

Wesentlich für Sie ist an dieser Stelle, daß Ihnen die Zusammenhänge zwischen den Zahlensystemen etwas klarer werden. In der Programmierpraxis können die Zahlenangaben in einem beliebigen System erfolgen. Das Einzige, das Sie hierzu tun müssen, ist das Anhängen des Kennbuchstabens für das Zahlensystem entsprechend Tabelle 2-8. Sie werden in diesem Buch immer wieder feststellen, daß z. B. bei der Beschreibung von Registerinhalten die Verwendung einer Hexadezimalzahl wesentlich zur Lesbarkeit eines Programmes beiträgt.

System	Basis	zulässige Zeichen	Kennzeichen
dezimal	10	0 bis 9	keins oder d
dual	2	0 und 1	b
hexadezimal	16	0 bis 9 und A bis F	h

Tabelle 2-8 Kennzeichnung der Zahlensystems

Negative Zahlen

Werden Dualzahlen als vorzeichenbehaftet betrachtet, ergibt sich die Frage, wie man das bei Dezimalzahlen übliche Minuszeichen speichert. Eine Lösung wurde dadurch gefunden, daß man das höchstwertige Bit als Vorzeichenbit interpretiert. Findet sich an dieser Stelle ein Null, ist die Zahl positiv, im anderen Fall negativ.

Sofort taucht aber auch die nächste Frage auf:

Wie kann ich aus einer positiven Zahl eine negative machen?

Der Mathematiker spricht bei der Änderung des Vorzeichens von der *Komplementierung* einer Zahl. Er stellt aber auch die Forderung auf, daß der Übergang von den negativen zu den positiven Zahlen eindeutig festgelegt sein muß. Wenn Sie nur das höchstwertige Bit einer vierstelligen Dualzahl ändern, ergäbe sich:

$$0000 \rightarrow 1000$$
$$0010 \rightarrow 1010$$

Wie Sie sehen, ist das Ergebnis nicht befriedigend, da es keinen eindeutigen Grenzwert 0 ergibt.

Ein weiterer Versuch wäre, einfach alle Bits zu invertieren. Dadurch ergäbe sich möglicherweise das Gegenteil einer positiven Zahl:

$$0000 \rightarrow 1111$$
$$0010 \rightarrow 1101$$

Aber auch in diesem Fall existiert keine eindeutige Null. Dem Ergebnis sind wir aber ganz Nahe, denn wenn jetzt zum Ergebnis noch eine Eins hinzuaddiert wird, folgt:

$$0000 \rightarrow 1111 + 1 \rightarrow 0000$$
$$0010 \rightarrow 1101 + 1 \rightarrow 1110$$

Sie können erkennen, daß der Übergang von den negativen zu den positiven Zahlen jetzt eindeutig ist. Somit lautet die Regel, nach der das Vorzeichen von Dualzahlen geändert wird:

1. Invertieren aller Bits einer Dualzahl
2. Addieren von 1 auf das niederwertigste Bit

Die auf diese Art gebildeten negativen Dualzahlen werden als *Zweier-Komplementzahlen* bezeichnet. Wird die Addition der 1 unterlassen, nennt man das Ergebnis auch *Einer-Komplement*.

2.4.2 Adressierung mittels Register

«Der Phantasie sind keine Grenzen gesetzt», könnten sich die Entwickler der Prozessoren gesagt haben. Zu diesem Schluß kann man kommen, wenn man die folgenden unterschiedlichen Arten der Adressierung anschaut. Ich will Ihnen an Hand von Beispielen jedoch verdeutlichen, daß dem nicht unbedingt so ist.

Operand im Register

Befinden sich die für die Ausführung eines Befehls notwendigen Operanden bereits in den Registern, so erübrigt sich ein relativ langsamer Zugriff auf den Arbeitsspeicher. Es gibt hier zwei Variationen:

Anzahl der Operanden	Beispiel	Funktion
1	inc ax neg bl	AX := AX + 1 BL := - BL
2	add ax, bx	AX := AX + BX

> Wenn in einem Befehl zwei Operanden angegeben werden, stellt der linke
> Operand immer das Ziel, bei einigen Operationen *auch* eine Quelle dar.
> Der rechte Operand beinhaltet immer eine Quellenangabe.

Inhärente Adressierung

Eine weitere Adressierungsart, bei der mindestens ein an der Operation beteiligter
Operand in einem Register zu finden ist, ist die inhärente Adressierung. Inhärent
kommt aus dem Lateinischen und bedeutet soviel, wie innewohnend oder anhaftend. Für
Maschinenprogrammierer bedeutet dies, daß höchstens ein Operand in Form einer
Register- oder Arbeitsspeicherangabe angegeben werden muß.

```
mul  bl   ; AX := AL * BL
lahf      ; Hole Inhalt der 8 niederwertigsten Bit des PSW nach AH
```

Unmittelbare Adressierung

Hierbei handelt es sich um die wohl einfachste Art, einen Befehl zu formulieren. Denn
der zweite für den Befehl notwendige Operand wird direkt in der Befehlszeile als
konstanter Zahlenwert angegeben. Es ist zu beachten, daß der direkt angegebene Wert
nur als Quelle, nicht jedoch als Ziel für eine arithmetische Operation angegeben werden
darf.

```
sub cx, 123  ; CX := CX - 123
```

2.4.3   Adressierung mit Speicheroperand

Direkte Adressierung

Die direkte Adressierung sollte nicht verwechselt werden mit der unmittelbaren
Adressierung. Wird dort ein absoluter Zahlenwert angegeben, der in ein Register
geladen wird, so wird hier der Inhalt einer Speicherzelle im Arbeitsspeicher, auf die der
zweite Operand zeigt, in das Register geholt. Das folgende Beispiel soll in Verbindung
mit Bild 2-3 den Sachverhalt verdeutlichen:

Bild 2-3 Daten im Arbeitsspeicher

Mit dem Befehl

```
mov ax, [Tabelle] ; TASM: Ideal-Modus
mov ax, Tabelle   ; MASM
```

soll der Inhalt der Speicherstelle, auf die der Name Tabelle zeigt, nach AX geholt werden. Der logische Name Tabelle steht für den Abstand zwischen dem Anfang des Datensegments und der gesuchten Speicherzelle. In Verbindung mit dem Datensegment wird nun, wie in Kapitel 2.4.1 beschrieben, die physikalische Adresse gebildet. Angenommen in DS befindet sich der Wert 1234h und das Name Tabelle zeigt auf eine Speicherzelle, die 512h Byte vom Anfang des Datensegments entfernt ist. Dann ergibt sich für die physikalische Adresse:

Datensegment DS	0001 0010 0011 0100 0000	(binär)
Offset auf Tabelle	+ 0000 0000 0101 0001 0010	(binär)
absolute Adresse	0001 0010 1000 0101 0010	(binär)
	1 2 8 5 2	(hexadezimal)
	75858	(dezimal)

Die an dieser Stelle befindliche 16-Bit-Zahl wird in das Register AX kopiert.

Interessiert man sich für die *Adresse des Operanden* im Datensegment, muß dem Namen Tabelle der Operator OFFSET vorangestellt werden:

```
mov ax, OFFSET Tabelle
```

Entsprechend dem Beispiel würde nun der Wert 512h in das AX-Register übertragen.

Indirekt indizierte Adressierung

Dies ist sicherlich die Adressierung, die das meiste Kopfzerbrechen bereitet. Aber keine Angst: Es geht auch hier ohne Aspirin.

Ein Vergleich soll den Vorgang bei dieser Adressierungsart verdeutlichen: Wenn Sie in diesem Buch nach einem Stichwort suchen, dann schauen Sie zunächst in das Stichwortverzeichnis (Index). Dort finden Sie die Seitenzahl, auf der die gesuchten Informationen stehen.

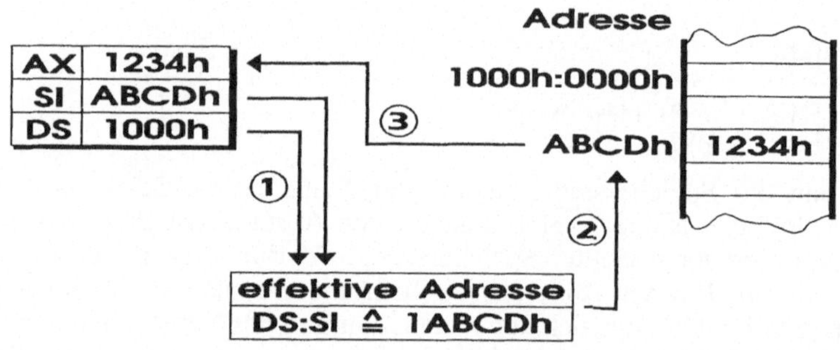

Bild 2-4 Indirekt indizierte Adressierung

Ganz analog geschieht dies im Computer. Das Bild 2-4 verdeutlicht hierbei die Vorgänge bei der Ausführung des Befehls

```
mov ax, [si]
```

Der Prozessor findet im «Stichwortverzeichnis» Indexregister einen Offset auf eine Speicherzelle im Datensegment (1). Die effektive Adresse im Arbeitsspeicher wird also gebildet aus der Segmentadresse, die hier in DS zu finden ist, und dem Offset im SI-Register. Beide Informationen zusammen zeigen demnach auf die Adresse 1000h:1ABCDh (2). Dort steht der Wert 1234h, der nun in den Akkumulator kopiert wird (3).

SS:	**0001 0000 0000 0000** 0000		(binär)
ES:	+ 0000 **1010 1011 1100 1101**		(binär)
absolute Adresse	**0001 1010 1011 1100 1101**		(binär)
	1 A B C D		(hexadezimal)
	109517		(dezimal)

Als Indexregister kann das SI-, DI-, BX- oder das BP-Register verwendet werden.

BX	BX + SI	BX + Displacement	BX + SI + Displacement
BP	BX + DI	BP + Displacement	BX + DI + Displacement
SI	BP + SI	SI + Displacement	BP + SI + Displacement
DI	BP + DI	DI + Displacement	BP + DI + Displacement

Tabelle 2-9 Indirekt indizierte Adressierung

Zusätzlich können diese Register entsprechend Tabelle 2-9 auch noch miteinander addiert werden.

```
mov cx, [BP+DI]
mov bp, [BX+SI]
```

Um diese Adressierungsart abzurunden, lassen die INTEL-Ingenieure auch noch das addieren von absoluten, konstanten Zahlenwerten, dem sogenannten *Displacement*, zu:

```
mov ax, [SI+1234h]
mov bx, [BP+DI+9F8Eh]
```

Wenn man diese Art der Adressierung in seinem Programm sinnvoll einsetzt, ist es möglich, sehr flexibel auf Daten im Arbeitsspeicher zuzugreifen, da mit Ausnahme des Displacement, alle Adreßangaben während des Programmlaufs berechnet werden können. Den Einsatz entsprechender Methoden werde ich später an Hand vom Programmbeispielen näher erläutern.

2.5 INTEL-Konventionen

Der Arbeitsspeicher eines Computer, der mit einem 80x86-Prozessor ausgerüstet ist, wird in Bytes verwaltet. Da aber beispielsweise ein 80286-Rechner 16-Bit-Daten, also 2 Byte, auf einmal verarbeiten kann, wurde eine Regelung bezüglich der Reihenfolge der einzelnen Bytes bei der Datenspeicherung notwendig. Und wann immer etwas festgelegt wird, muß man sich damit gegebenenfalls erst «anfreunden».

Die Firma INTEL legte fest, daß das *niederwertigste Byte* (Low-Byte oder kurz: Lo-Byte) in die Speicherstelle mit der *niedrigeren Adresse* geschrieben wird. Dementsprechend sind die höherwertigeren Bytes (High-Byte, Hi-Byte) an den höheren Adressen zu finden. Dies hat zur Folge, daß die Überprüfung des übersetzten Programmcodes erschwert wird. Wenn Sie das Bild 2-5 betrachten, so führt nach dieser Festlegung ein Zugriff auf ein Byte an Adresse aaaa zu Ergebnis 24h, ein Zugriff auf ein Wort zum Wert 8624h und ein Doppelwortzugriff zum Wert 0F348624h.

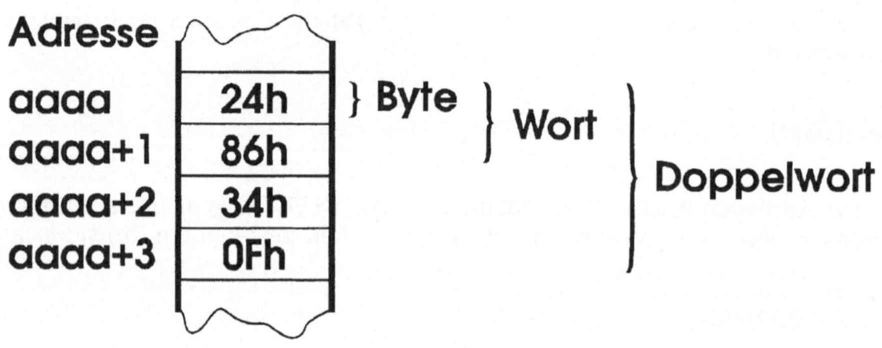

Bild 2-5 INTEL-Konvention zur Datenspeicherung

Vielleicht ist Ihnen schon aufgefallen, daß vor Hexadezimalzahlen, die mit einem Buchstaben anfangen, immer eine Null geschrieben wird. Diese Festlegung ist dadurch begründet, daß der Assemblierer die Zahl ansonsten als Variable oder Name interpretieren würde. Dies wird durch die führende Null verhindert.

Auch in der Schreibweise legte INTEL die Programmierer fest: In Befehlen, die zwei Operanden benötigen, gibt der erste das Ziel der Operation an (Bild 2-6). Der zweite und eventuell der erste auch (z.B. bei Additionen, Bild 2-7) stellen die Quellenangaben dar. Das Beispiel aus Bild 2-7 führt also die Funktion

```
AX := AX + BX
```

aus. An diese Syntax halten sich alle Hersteller von Assemblierern für IBM-kompatible Computer.

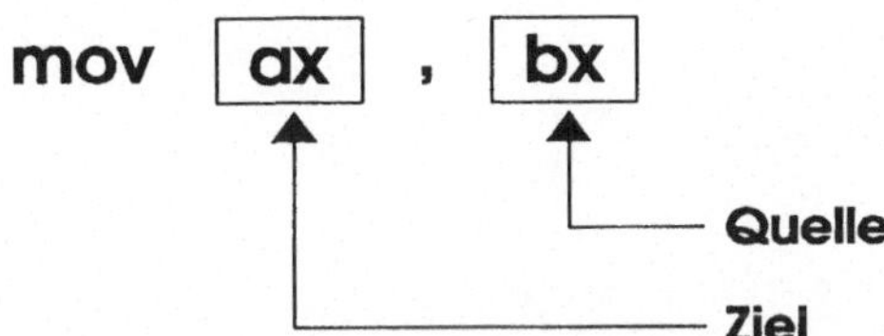

Bild 2-6 Festlegung der Operandenreihenfolge bei einer Quelle

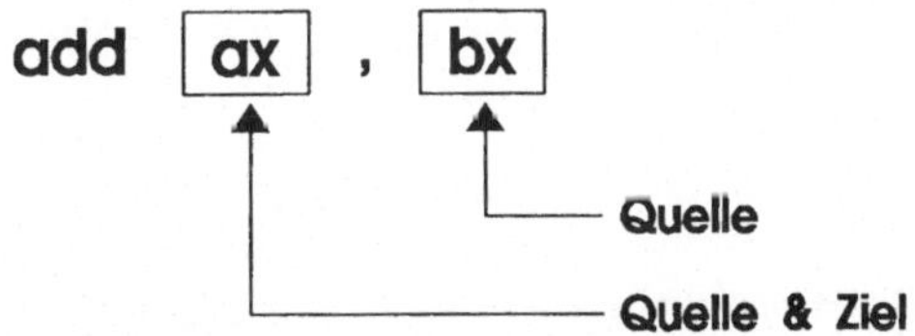

Bild 2-7 Festlegung der Operandenreihenfolge bei zwei Quellen

3 Grundelemente der Assemblersprache

Wer in Maschinensprache programmiert, der arbeitet direkt am Herzen des Computers. Auf dieser Ebene können alle Hilfsmittel, die das Betriebssystem MS-DOS oder das BIOS (Basic Input/Output System) zur Verfügung stellt, direkt genutzt werden. Das ist sicherlich bei den meisten Anwendungen der Fall und als Anfänger sollte man dies auch tun. Es wäre genauso denkbar, daß Sie ihr Programm ohne Zugriff auf die Routinen des Betriebssystems programmieren. Diese Vorgehensweise wählt man in der Regel bei Single-Chip-Prozessoren oder Ein-Platinen-Computern, bei denen kein Platz für Hilfsprogramme vorhanden ist.

Eine der wesentlichsten Aufgaben des Programmierers ist es, eine vorgegebene Struktur verbunden mit der zulässigen Syntax einzuhalten. Die Überprüfung der Syntax eines Programmes (Quellcode, Sourcecode) erfolgt während der Übersetzung durch den Assemblierer (TASM, MASM, etc.). Die Semantik hingegen kann vom Compiler nur teilweise überprüft werden. Warum dies so ist, möchte ich an folgendem Beispiel erklären:

Wer sich einmal ein Programm mit dem Suffix 'COM' bzw. 'EXE' mit einem sogenannten «HEX-VIEW»-Programm, das eine Datei in hexadezimalen Bytes anzeigt, angesehen hat, der wird festgestellt haben, daß der Maschinencode nur aus einzelnen Bytes besteht. Dieser kann nicht so einfach gelesen werden, wie zum Beispiel eine Textdatei. Auf den ersten Blick scheint das Programm nur aus Hieroglyphen zu bestehen, denn eine Trennung von Daten und Befehlen ist nicht erkennbar. Dies ist auch einer der wesentlichsten Aspekte unter denen der Assemblerprogrammierer arbeitet: Er ist es, der im gewissen Rahmen festlegt, ob ein Byte seines Programmes als Datum (z.B. ein ASCII-Zeichen) oder als Maschinenbefehl vom Prozessor interpretiert wird. Das hexadezimale Byte 72h kann einerseits als 'r' (ASCII-Code 114), als numerischer Wert 114 oder auch als Befehlsbyte für die Anweisung JC (jump if Carry-Flag set) gedeutet werden. Es kommt «nur» darauf an, wo es im Arbeitsspeicher steht, d.h. in welchem Segment, und wie es vom Prozessor verarbeitet wird.

Als weiteres Beispiel möchte ich die Verwaltung von Daten nennen. Wenn man in Turbo-Pascal

```
anna := berta + caesar;
```

schreibt, braucht man sich nicht darum zu kümmern, wie und vor allem wo die zugehörigen Zahlenwerte im Arbeitsspeicher ablegt werden; diese Aufgabe übernimmt der Pascal-Compiler. Möchte man in Assembler in ähnlicher Weise auf Daten zugreifen, muß man selber dafür Sorge tragen, daß die Daten aus dem Arbeitsspeicher in die entsprechenden Register des Prozessors transportiert werden, um sie dort weiterzuverarbeiten.

Kurz gesagt gehört zum Programmieren in Maschinensprache ein hoher Grad an Disziplin, d.h. an Einhaltung fester Regeln dazu. Nur dann ist es möglich, ein Programm auch zum «Laufen» zu bringen.

Wie Sie in den nun folgenden Kapiteln auch anhand von Beispielen sehen werden, stehen Sie bei dieser Aufgabe nicht vor unüberbrückbaren Hindernissen. Alle Strukturen von Assemblerprogrammen werde ich Ihnen vorstellen. Beherzigen Sie dabei den Leitsatz:

LEARNING BY DOING

3.1 Datentypen in Assembler

Wenn ein Programmierer mit einer neuen Programmiersprache arbeiten möchte, muß er sich mit den zulässigen Datentypen auseinander setzen. Auf der Ebene des Prozessors ist dies teilweise einfacher, als beispielsweise in Pascal oder C: Er hat es fortan nur noch mit *Bytes*, *Wörtern* oder ganzzahligen Vielfachen von *Wörtern* zu tun. Tabelle 3-1 gibt einen Überblick über die möglichen Datenformate. In der Praxis arbeitet man vorrangig mit den ersten drei Formaten.

Dem aufmerksamen Leser fällt aber sofort auf, daß es keinen Datentyp für einzelne ASCII-Zeichen oder für Zeichenketten zu geben scheint. Doch das ist ein Trugschluß. Ein Buchstabe beispielsweise wird PC-intern in einem als Element des erweiterten Zeichensatzes in einem 8-Bit-Format definiert[1]. Demzufolge paßt ein derartiges Zeichen exakt in ein *Byte*. Eine Zeichenkette wiederum besteht aus mehreren Zeichen und läßt sich also als Folge einzelner Bytes darstellen.

---

[1]   Zeichen der ASCII-Tabelle sind 7 Bit lang und stellen eine Untermenge des PC-Zeichensatzes dar (Code 0...127).

Datentyp	ab Prozessor	Größe in Byte
BYTE	8086	1
WORD	8086	2
DWORD	8086	4
FWORD	80386	6
PWORD	80386	6
QWORD	8086	8
TBYTE	80386	10

Tabelle 3-1 Assembler-Datentypen

3.2 Der Aufbau einer Assemblerzeile

Eine Datei, die von einem Assemblierer übersetzt werden soll, können Sie mit jedem beliebigen Texteditor erstellen. Wichtig ist nur, daß die Datei keinerlei Steuerzeichen, wie sie üblicherweise von Textverarbeitungsprogrammen abgelegt werden, enthalten darf. Sie besteht aus einer Ansammlung einzelner Anweisungen an den Übersetzer und mnemonischen Befehlen, die als Programmcode übersetzt werden sollen. Pro Zeile ist dabei jeweils nur eine Anweisung bzw. nur ein Befehl erlaubt. Der Aufbau einer solchen Zeile ist in Bild 3-1 zu erkennen.

3.2.1 Namensfeld

Im Namensfeld stehen symbolische Bezeichner (Name oder englisch: Label), die der Programmierer festlegt. Mit ihrer Hilfe können Speicheradressen, Variablen, Konstanten oder Sprungziele (Marken) für eine Programmverzweigung namentlich angesprochen werden. Wofür dies notwendig und sinnvoll ist, möchte ich kurz erläutern: Wenn Sie ein Programm schreiben, können Sie zu keinem Zeitpunkt sagen, an welcher Stelle des Arbeitsspeichers dieses bei der Ausführung stehen wird. Das Betriebssystem MS-DOS (und nicht nur dieses) verlangt, daß jedes Programm an jeder Stelle im Speicher ablauffähig sein muß, d.h daß es *relokatibel* ist. Wenn Sie aber nicht wissen, an welcher Adresse die Daten zur Laufzeit des Programmes zu finden sind, können Sie diese nur

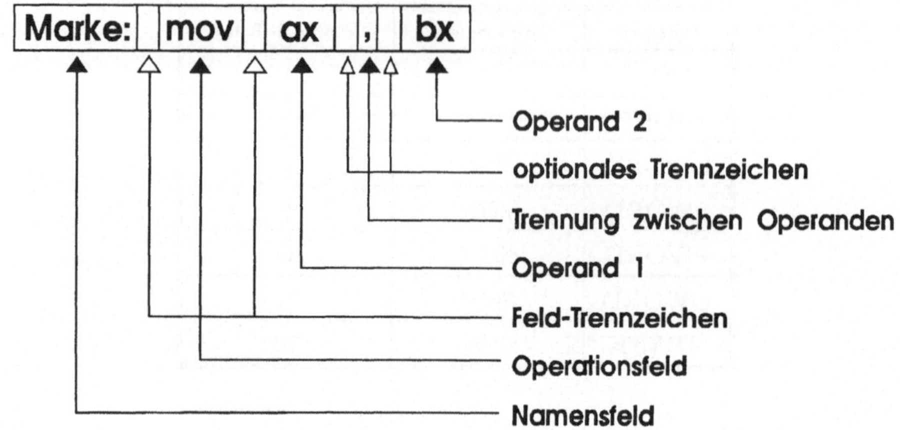

Bild 3-1 Aufbau einer Assemblerzeile

über Symbole ansprechen. Der Vorteil dieses Verfahrens ist aber auch, daß durch die Verwendung von Symbolen der Programmtext aussagekräftiger wird. Hierzu zwei Beispiele[1]:

```
                        ; Festlegung von symbolischen Namen -> Assemblierer-Anweisungen
BILDAUS  equ   9        ; MS-DOS-Funktion: Bildschirmausgabe
DOSINT   equ   21h      ; MS-DOS-Interruptnummer

CR       equ   13       ; ASCII-Code für <Carriage Return>
LF       equ   10       ; ASCII-Code für <Line Feed>
EDB      equ   '$'      ; Textbegrenzer für die MS-DOS-Funktion 9

         .DATA          ; Ab hier stehen Datendefinition -> Datensegment
GRUSS    db   'Guten Morgen!', CR, LF, EDB

         .CODE          ; Ab hier stehen Maschinenbefehle -> Codesegment
         mov ax, @data  ; @data (Standard-Assemblierer-Variable)
                        ; zeigt auf die Adresse des Datensegments
         mov ds, ax     ; Datensegment-Register setzen

         mov dx, OFFSET GRUSS ; Adresse des Ausgabetextes nach DX holen
         mov ah, BILDAUS      ; MS-DOS-Funktionsnummer nach AH holen
         int DOSINT           ; und Funktion ausführen
         ...
```

In ersten Beispiel wird ein Text mittels einer Standardfunktion auf dem Bildschirm ausgegeben werden. Durch die Zuweisung

---

[1]   Die detaillierte Beschreibung der verwendeten Anweisungen, folgt auf den nächsten Seiten. An dieser Stelle ist es wichtig, den Vorteil von (aussagekräftigen) symbolischen Bezeichnern zu erkennen.

```
mov ah, BILDAUS               ; MS-DOS-Funktionsnummer nach AH holen
```

ist sofort zu erkennen, daß nun eine Ausgabe auf dem Bildschirm durchgeführt wird. Diese Programmierweise ist wesentlich aussagekräftiger, als die für den Assemblierer vollkommen gleichbedeutende Zeile

```
mov ah, 9
```

Im folgenden Programmausschnitt soll ein Text von 255 Zeichen nach dem Zeichen 'J' durchsucht werden. Entsprechend dem Ergebnis der Suche soll das Programm an unterschiedlichen Stellen fortgesetzt werden.

```
                     ; Festlegung eines symbolischen Namens -> Assemblierer-Anweisung
Text_Laenge  equ 255                 ; Konstante definieren

             .DATA         ; Ab hier stehen Datendefinitionen -> Datensegment
Such_Zeichen db  'J'                  ; Zeichen definieren
Text_Puffer  db  Text_Laenge DUP (?)  ; Bereich von 255 Byte
                                      ; reservieren

             ...

             .CODE         ; Ab hier stehen Maschinenbefehle -> Codesegment

             ...

             mov cx, Text_Laenge      ; Schleifenzähler auf 255 setzen
             mov si, 0                ; Zeigerindex = 0

Schleife:                            ; Ein Zeichen vergleichen
             cmp [Text_Puffer + si], Such_Zeichen
             je  Zeichen_gefunden    ; Zeichen gefunden:
                                     ; Programm ab Marke fortsetzen

             inc si                  ; Index um 1 erhöhen
             loop Schleife           ; Wenn CX≠0: nächstes Zeichen
                                     ; vergleichen

             jmp Nicht_gefunden      ; Wenn CX=0: Programm ab Marke
                                     ; fortsetzen

Zeichen_gefunden:
             ...

Nicht_gefunden:
             ...
```

Wie Sie erkennen können, lassen sich die Bedeutungen der einzelnen Anweisungen relativ leicht ermitteln. Außerdem können Sie die gleiche Suchroutine für verschiedene Suchaktionen einsetzen, wenn die Variable Such_Zeichen nur einen anderen Wert zugewiesen bekommt.

Ein Name, den Sie definieren möchten, muß eindeutig sein, d.h. ein Name darf nur einmal im Programm definiert werden. Verwenden Sie einen vom Assemblierer vordefinierten Bezeichner, wird eine Warnung ausgegeben. Als zulässige Zeichen stehen Ihnen

$$A \dots Z \quad a \dots z \quad \_ \quad @ \quad \$ \quad ? \quad 0 \dots 9$$

zur Verfügung, wobei Ziffern nicht als erstes Zeichen eingesetzt werden können. Die Zeichen @ und ? stehen nur eingeschränkt zur Verfügung, da hiermit vom Assemblierer vordefinierte Symbole eingeleitet werden (→ Tabelle 3-2). Mit der Option /ml ist der TASM-Assemblierer übrigens in der Lage, in allen Symbolnamen nach Groß- und Kleinschreibung zu unterscheiden.

Name	Bedeutung
@code	Liefert den Namen des Codesegments
@CodeSize	Index für das Speichermodell des Codesegments
@Cpu	Index für den aktuellen Prozessor
@curseg	Liefert den Namen des aktuellen Segments
@data	Liefert den Namen des Datensegments
@DataSize	Index für das Speichermodell des Datensegments
@fardata	Liefert den Namen des Segments mit voreingestellten Daten
@fardata?	Liefert den Namen des Segments mit nicht voreingestellten Daten
@FileName	Liefert den Namen der assemblierten Datei
@Model	Liefert das eingestellte Speichermodell
@Startup	Marke für den Startup-Code (MASM)
@WordSize	Datenbreite eines Segments (2: 16-Bit, 4: 32-Bit)
??Date	Liefert das aktuelle Datum (8 Byte)
??Filename	Liefert den Namen der zu assemblierenden Datei (8 Byte)
??Time	Liefert die aktuelle Uhrzeit (8 Byte)
??Version	Liefert die Versionsnummer des Assemblierers (2 Byte)

Tabelle 3-2 Vordefinierte Assemblierer-Namen

Für einen Namen, mit dem eine Speicheradresse im Datensegment bezeichnet wurde, fügt der Assemblierer beim Übersetzen die Segmentadresse und den Abstand vom Segmentanfang bis zum bezeichneten Speicherplatz, den *Offset*, in den Programmcode ein. Ein solcher Bezeichner kann im Programm wie eine Variable eingesetzt werden.

Das bedeutet nichts anderes, als daß Sie den Wert dieser Variablen einem Register
zuweisen oder auch seinen Wert verändern können.

```
mov [Text_Laenge], 4711         ; Text_Laenge := 4711
mov cx, [Text_Laenge]           ; CX := Text_Laenge
```

Wird eine Variable zur Adressierung eines Speicherplatzes eingesetzt, so kann diese bis
vier Attribute besitzen (siehe Bild 3-2); eine Anwendung sehen Sie in Bild 3-3.

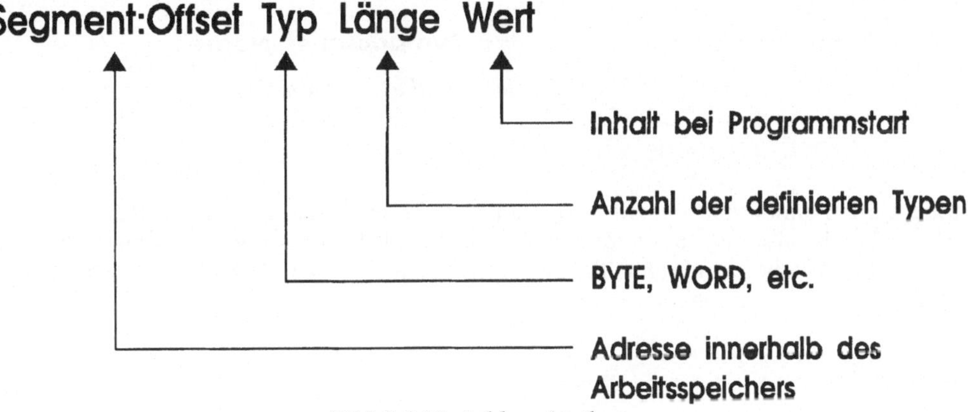

Bild 3-2 Variablen-Attribute

Assemblierer-Konstanten und -Variablen sind solche, die eine Wertzuweisung nur für
den Übersetzer beinhalten. An jeder Stelle des Programmes, an der der Name eines
solchen Operanden eingesetzt wird, fügt der Assemblierer den entsprechenden Wert ein,
der nicht als Wert im Daten- oder Codesegment wiederzufinden ist.

```
BILDAUS equ 9                   ; Assemblierer-Konstante
```

Wenn das Sprungziel einer Programmverzweigung mit einem Namen bezeichnet werden
soll, muß dem Namen ein Doppelpunkt folgen. Trifft der Assemblierer auf eine solche
Anweisung, wird hinter dem Befehlsbyte für den Sprungbefehl der Abstand zu diesem
Namen eingetragen.

```
ZIEL:   mov ax, 1234            ; Sprungziel (Marke)
```

3.2.2 Trennzeichen

Als Trennzeichen zum nächsten Element einer Zeile können ein oder mehrere
Leerzeichen oder Tabulatoren verwendet werden. Für den Assemblierer ist an dieser

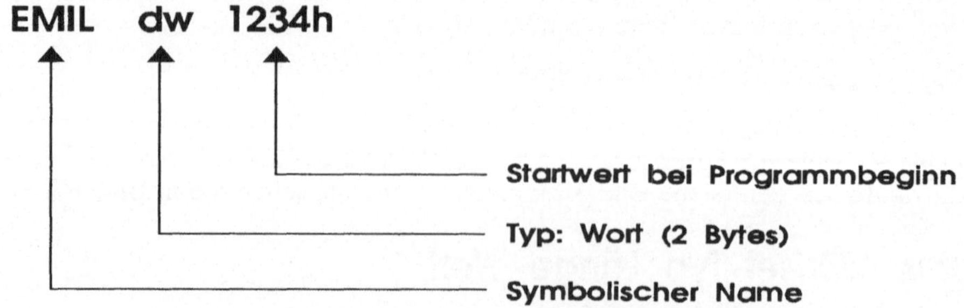

Bild 3-3 Beispiel einer Variablen-Deklaration

Stelle die Erkennbarkeit eines neuen Elements in der Zeile wesentlich. Bei mehreren Leerzeichen ist also nur das erste relevant. Für Sie als Programmierer bedeutet das, daß Sie mit Leerzeichen und/oder Tabulatoren ihrem Text ein lesbares Äußeres geben können.

```
ZeigeString: mov al,09h
mov bx,cs
mov ds,bx
mov dx:offset Text ; Hinweistext
int 21h ;DOS-Funktion
```

In einem Programm, daß in diesem Stil geschrieben wurde, ist es fast unmöglich, Fehler zu beseitigen oder Änderungen einzufügen. Wesentlich übersichtlicher und damit in der Regel auch fehlerärmer ist dagegen diese Form:

```
ZeigeString:  mov al, BILDAUS       ; AL := MS-DOS-Funktionsnummer
              mov bx, cs            ; DS-Register := CS-Register
              mov ds, bx
              mov dx, offset Text    ; DX zeigt auf Hinweistext
              int DOSINT             ; DOS-Funktion ausführen
```

Aus meiner eigenen Erfahrung kann ich sagen, daß man seine eigenen Programme nach einer längeren Zeit nur dann deuten kann, wenn diese «sauber» dokumentiert sind. Dazu gehört unter anderem, daß man in der Lage ist, eine Assemblerzeile auf den ersten Blick in die vier Bereiche Namensfeld, Operationsfeld, Operandenfeld und Kommentar aufzuteilen.

3.2.3 Operationsfeld

Im Operationsfeld stehen die eigentlichen Assemblerbefehle wie z.B. mov, jmp oder db.
Hier wird angegeben, welche Operation vom Prozessor durchgeführt werden soll. Die
Wirkung des Befehls wird in Zusammenhang mit den *Operanden* deutlich, die durch ein
Komma voneinander getrennt werden. Es gibt Befehle, die keinen, einen oder zwei
Operanden benötigen.

```
clc                        ; kein Operand
pop ax                     ; ein  Operand
mov ax, bx                 ; zwei Operanden
mov [bx+di], [ax+si+12]    ; zwei Operanden mit arithmetischen Operationen
```

Befehl	Wirkung
DB	Reserviert ein BYTE
DW	Reserviert ein Wort (Word, 2 Byte)
DD	Reserviert ein Doppelwort (DoubleWord, 4 Byte)
DP	Reserviert 6 Byte
DQ	Reserviert ein Vierfach-Wort (QuadWord, 8 Byte)
DT	Reserviert 10 Byte

Tabelle 3-3 Befehle zur Datendefinition

Desweiteren sind im Operationsfeld Anweisungen an den Assemblierer zu finden, durch
die Daten für das Programm (→ Tabelle 3-3) oder für den Übersetzer (→ Kapitel 3.3)
definiert werden.

3.2.4 Operandenfeld

Im Operandenfeld wird angegeben, woher die Werte kommen, mit denen der Prozessor
etwas anstellen soll. Die Datenquelle kann entweder ein Register, ein Speicherplatz oder
ein absoluter Wert, der direkt in der Befehlszeile steht, sein. Ferner wird hier das Ziel
angegeben, an das der Prozessor das Ergebnis einer Operation schreiben soll.

Wenn das Operandenfeld leer ist, eine Operation also keine Daten benötigt, handelt es
sich in der Regel um einen Befehl, der den Prozessor direkt steuert, oder durch den

Befehl	Wirkung
CLC	Löscht das Carry-Flag
CMC	Komplementiere (invertiere) das Carry-Flag
CLD	Löscht das Direction-Flag
CLI	Sperrt Hardware-Interrupts
STC	Setzt das Carry-Flag
STD	Setzt das Direction-Flag
STI	Gibt Hardware-Interrupts frei
HLT	Prozessor wartet auf nächsten Hardware-Interrupt (VORSICHT!)
WAIT	Prozessor wartet auf ein Hardware-Signal am Prozessoreingang TEST (VORSICHT!)

Tabelle 3-4 Liste der Steuerbefehle

Daten im Akkumulator korrigiert (BCD-Zahlen) oder in einen anderen Datentyp
umgewandelt werden können. Die Tabelle 3-4 gibt einen Überblick über die verfügbaren
Steuerbefehle. Sogenannte Ein-Byte-Befehle, die zur Korrektur von arithmetischen
Operationen oder der Konvertierung von einem Datentyp in den nächsthöheren
gebraucht werden, sind in Tabelle 3-5 aufgelistet.

Befehle mit zwei Operanden dienen dem Datentransport oder der Manipulation von
Daten. Für diese Aktionen müssen natürlich Quelle und Ziel angegeben werden. In der
Maschinensprache gilt dabei, ähnlich zu Hochsprachen, die Festlegung, daß zuerst das
Ziel und als zweites die Quelle angegeben wird.

```
mov  ax, bx  ; entspricht: Var_a := Var_b
```

Das Ziel kann gleichzeitig auch Datenquelle sein:

```
add  ax, bx  ; entspricht: Var_a := Var_a + Var_b
```

Tabelle 3-6 listet eine kleine Auswahl dieser Befehle auf. Eine vollständige Übersicht
über alle Befehle der 80x86-Prozessoren finden Sie im Anhang dieses Buches.

Befehl	Wirkung
AAA	Korrektur nach BCD-Addition
AAD	Korrektur nach BCD-Division
AAM	Korrektur nach BCD-Multiplikation
AAS	Korrektur nach BCD-Subtraktion
CBW	Wandelt ein Byte in ein Wort um, indem das Bit 7 von AL in die Bits 0 bis 7 von AH kopiert wird
CWD	Wandelt ein Wort in ein Doppelwort um, indem das Bit 15 von AX in die Bits 0 bis 15 von DX kopiert wird
CDQ	Wandelt ein Doppelwort in EAX in ein Vierfach-Wort in EDX:EAX um

Tabelle 3-5 Befehle zur Datenkorrektur und -konvertierung

Befehl	Wirkung
ADD	Addition zweier Operanden
AND	Logische UND-Verknüpfung zweier Operanden
MOV	Übertragung von Daten in der Richtung Register → Arbeitsspeicher Arbeitsspeicher → Register Konstante → Register Konstante → Arbeitsspeicher
OUT	Gibt einen Operanden auf eine Hardwareadresse aus

Tabelle 3-6 Auswahl einiger Befehle mit zwei Operanden

3.2.5 Kommentare

Damit Sie Ihren Programmtext auch noch in mehreren Monaten deuten können, sollten Sie ausreichend von der Möglichkeit, Kommentare in den Text einzufügen, Gebrauch machen. Innerhalb einer Assemblerzeile können Sie durch das Einfügen eines *Semikolons (';')* den Beginn eines Kommentares markieren. Beachten Sie bitte, daß alles, das rechts von einem Semikolon steht, vom Assemblierer ignoriert wird. Sie können also mit einfachen Mitteln ganze Anweisungszeilen durch ein Semikolon als Kommentar deklarieren und somit von der Übersetzung ausnehmen.

```
; Dies ist eine Kommentarzeile
ZIEL:  mov  cx, ax  ; ← Hier beginnt der Kommentar
;      mov  ax, cs  ; Die ganze Zeile ist Kommentar!
```

Kommentare sind ein sehr wichtiges Element in jedem Computerprogramm. Während sich Hochsprachen-Anweisungen (wie z.B. Write, GetTime, etc.) von selbst erklären können, ist der Sinn eines Assemblerbefehls oft auf den ersten Blick nicht erkennbar. Bedenken Sie, daß Sie ihre eigenen Programme auch noch nach einiger Zeit überarbeiten oder vielleicht einem Freund zur Verfügung stellen möchten. Ohne aussagekräftige Hinweise innerhalb des Quellcodes läßt sich kaum «erahnen», welche Geistesblitze ihr Programm geprägt haben. Auch wenn der Umfang ihrer Quelldatei durch die Verwendung von Kommentaren größer wird, brauchen Sie keine Angst zu haben: Der Assemblierer sorgt dafür, daß das lauffähige Programm nur noch den reinen Programmcode enthält.

Wenn Sie Ihr Programm im MASM-Modus des Turbo Assemblers übersetzen, können Sie ganze Textblöcke als Kommentar in den Quelltext einfügen, ohne jeweils am Anfang der Zeile ein Semikolon zu setzen:

```
MASM        ; MASM-kompatibles Programm

COMMENT  *
         Die nun folgenden Zeilen des Programmes beinhalten nur
         Kommentar. Der Anfang dieses Abschnittes wird eingeleitet mit
         dem ersten Zeichen nach dem Schlüsselwort COMMENT (hier: '*').
         *
```

Als Erkennung für den Anfang eines Kommentarblockes wird hierbei das erste ASCII-Zeichen nach dem Schlüsselwort COMMENT interpretiert. Das Ende dieses Blockes wird beim zweiten Auftreten dieses Trennzeichens gesetzt. Wenn Sie sich das obige Beispiel genau ansehen, erkennen Sie, daß der Stern '*' in der Klammer zum zweiten Mal auftritt. Dort endet also der Kommentar und die folgenden Zeichen würden den Assemblierer zu einer Fehlermeldung bewegen.

Wie die einzelnen Elemente einer Assemblerzeile in einem Programm eingesetzt werden, sehen Sie hier:

```
BILDAUS     equ  09h        ; Funktion: Bildschirmausgabe
ENDPROCESS  equ  4Ch        ; Funktion: Programm beenden
DOSINT      equ  21h        ; MS-DOS-Interruptnummer

            .CODE           ; Beginn des Code-Segments
PrgAnfang:  jmp  Ausgabe    ; Programm ab Marke fortsetzen
```

```
; Datendeklarationen:
HALLO       db      'Das ist eine Textausgabe in Assembler.'
            db      ODh, OAh, '$'

; Hier beginnt das eigentliche Programm:
Ausgabe:    mov     bx, cs              ; Datensegment := Codesegment
            mov     ds, bx

            mov     dx, OFFSET HALLO ; DX zeigt auf Anfang des Textes
            mov     ah, BILDAUS      ; Funktion: Bildschirmausgabe
            int     DOSINT           ; DOS-Funktion ausführen

            mov     al, 00           ; Programm-Exitcode setzen
            mov     ah, ENDPROCESS   ; Funktion: Programm beenden
            int     DOSINT           ; DOS-Funktion ausführen

            end     PrgAnfang        ; Assemblierer-Anweisung:
                                     ;  Ende der Datei
```

3.3 Anweisungen an den Assemblierer

Jeder Assemblierer läßt eine Reihe von Operationen zu, die sich nicht direkt auf das
eingegebene Programm beziehen. Sie dienen vielmehr dazu, den Übersetzer anzuweisen,
wie er den Programmcode generieren soll. Hierzu zählen genau genommen auch
Kommentare, die Sie gerade kennengelernt haben. Im folgenden Abschnitt möchte ich
Ihnen die wichtigsten Assemblierer-Anweisungen vorstellen. Es gibt noch wesentlich
mehr, die aber für einen Assembler-Einsteiger zu unübersichtlich sind. Wenn Sie sich
jedoch an die Programmierung in Assembler gewöhnt und eigene Erfahrung in der
Erstellung von Programm gesammelt haben, sollte Sie das Referenzhandbuch nehmen
und die Befehle ausprobieren.

3.3.1 ORG-Anweisung

Die ORG-Anweisung legt die Position des nächsten Befehlscodes innerhalb des
Codesegmentes fest. Besonders bei 'COM'-Programmen ist das wichtig, denn bei diesen
muß der erste ausführbare Befehl an der Adresse 100h beginnen.

```
ORG 100h  ; Der nächste Befehl steht an Offset 100h im Codesegment
```

3.3.2   EQU-Anweisung

Häufig benötigen Sie in Programmen *numerische Konstanten* und *konstante Zeichenketten*. Diese können mit

```
[Name]   EQU   [Ausdruck]
```

definiert werden. An jeder Stelle im Programm, an der Sie der *Name* angeben, setzt der Assemblierer den Wert des *Ausdrucks* ein. Dies geschieht genauso, als ob Sie überall, wo Sie den *Ausdruck* benötigen, die Angaben «zu Fuß» eingesetzt hätten. Im Gegensatz zur Definition einzelner Datentypen mit db oder ähnlichen Befehlen, wird an der Stelle, an der die EQU-Anweisung steht, kein Maschinencode erzeugt.

Die Programmfragmente

```
mov  ax, 1000
```

und

```
Anzahl  EQU  1000
        mov  ax, Anzahl
```

bewirken das Gleiche. Durch die Verwendung des Namens wird das Programm leichter lesbar und Sie sind in der Lage, mehrfach auf den gleichen Wert zugreifen zu können.

Innerhalb einer EQU-Anweisung dürfen auch arithmetische Berechnungen durchgeführt werden, solange die einzelnen Operanden bekannt sind:

```
Anzahl_Spalten        EQU  80
Anzahl_Zeilen         EQU  25
Anzahl_Zeichen        EQU  Anzahl_Spalten * Anzahl_Zeilen
```

Beachten Sie immer die Reihenfolge der Deklarationen:

```
Kilometer             EQU  Meter * 1000
Meter                 EQU  1
```

Der Wert für Kilometer könnte also nicht berechnet werden, da der Meter-Wert zum Zeitpunkt der Übersetzung dem Assemblierer noch nicht bekannt ist.

Zeichenketten (Strings), genauer gesagt einzelne ASCII-Zeichen, benötigen Sie in ihrem Programm zum Beispiel, um einen Ausgabetext zu definieren. MS-DOS erwartet dabei zum Beispiel das ASCII-Zeichen '$', um die Funktion *Display String (09h)* korrekt zu beenden. Die Zeichenketten werden entweder durch einfache Hochkommas (', ASCII-Code 39) oder Anführungszeichen (", ASCII-Code 34) begrenzt.

```
Ende_der_Botschaft  EQU  '$'
```

```
Ende_der_Botschaft  EQU  "$"
```

Da der Übersetzer dort, wo der Name einer EQU-Zuweisung steht, den Wert dieser Zuweisung einsetzt, ergibt sich, daß bei einer Registerzuweisung wie

```
mov ax, Ende_der_Botschaft
```

die Zeichenkette höchstens zwei Byte (ab 80386: 4 Byte) lang sein darf.

3.3.3 '='-Anweisung

Die `'='`-Anweisung arbeitet ähnlich wie die EQU-Anweisung. Während dort konstante Größen definiert werden, kann man hier einem Namen mehrfach *numerische* Werte zuweisen.

```
[Name]  =  [Ausdruck]
```

Ein sinnvoller Einsatz für diese spezielle Variablenart ergibt sich beispielsweise in Programmen, in denen eine Variable an unterschiedliche Umgebungsparameter angepaßt werden muß und kein Maschinencode hierfür erzeugt werden soll.

```
Bildschirm  =  0B000h          ; Anfang des Video-RAM für
                               ; Monochrom-Bildschirmkarten

Bildschirm  =  0B800h          ; Anfang des Video-RAM für
                               ; Farb-Bildschirmkarten
```


3.3.4 DUP-Anweisung

In nahezu jedem Programm müssen Sie Daten speichern, um sie zu einem späteren Zeitpunkt verarbeiten zu können. Wie Sie sich denken können, passen diese Daten nicht unbedingt in das Schema der für Prozessoren üblichen Datentypen *BYTE*, *WORD*, etc. Was kann man aber machen, um einen ausreichend großen Speicherbereich zu reservieren?

Angenommen, Sie möchten vier Byte mit undefiniertem Inhalt reservieren. Ein Weg zu diesem Ziel wären die Zeilen

```
Vier_Byte  db  ?
           db  ?
           db  ?
           db  ?
```

Der notwendige Schreibaufwand hält sich noch in Grenzen. Was machen Sie aber, wenn 80 Zeichen einer Bildschirmzeile zwischengespeichert werden müssen? In Analogie zu dem obigen Beispiel wären 80 Zeilen mit db ? sicher nicht optimal. Wie immer, wenn es um Wiederholungen geht, gibt es einen Weg, das Verfahren zu vereinfachen. In Assembler können Sie die Reservierung von 80 Byte durch die Zeile

```
Zeile      db  80 dup (?)  ; 80 Byte reservieren
```

durchführen. Durch die Syntax

```
Anzahl dup (Wert)
```

wird der Assemblierer angewiesen, entsprechend der *Anzahl* und dem Datentyp den Speicherplatz im Datensegment zu reservieren und mit dem *Wert* zu überschreiben. Dieser *Wert* ist beim *Start des Programmes* definiert, und kann während des Programmlaufs verändert werden. Setzen Sie das Fragezeichen für den Wert ein, wird dieser Datenbereich nicht überschrieben, d.h. er behält den beim Programmstart vorgefundenen, zufälligen Inhalt. Später im Programm können Sie das erste reservierte Datum unter dem Namen Zeile ansprechen. Für einen Zugriff auf die weiteren Elemente dieses Bereichs müssen Sie nur den Abstand zum Namen plus 1 gezählt in Byte, den sogenannten *Offset* Wert hinzuaddieren. Beachten Sie, daß der Prozessor immer von Null an zählt.

```
mov  ah, [Zeile]     ; holt das erste Byte nach AH
mov  ab, [Zeile + 4] ; holt das fünfte (!) Byte nach AH
```

4 Struktur eines Assemblerprogrammes

Ähnlich zu Pascal sind Sie auch bei Assemblerprogrammen gezwungen, ihr Programm zu strukturieren. Der Assemblierer benötigt zur Erzeugung des korrekten Programmcodes z.B. die genauen Angaben, wo der Datenbereich und wo der Programmbereich anfängt bzw. endet. Erst mit diesen Informationen ist es möglich, ein Programm in die Umgebung des jeweiligen Betriebssystems einzubinden. Vielleicht fragen Sie sich: "Welchen Sinn hat diese Strukturierung? Geht es nicht auch «ohne»?"

Die Strukturierung eines Programmes im Allgemeinen dient zunächst einmal dazu, in kleinere, überschaubare Teilbereiche (z.B. Unterprogramme) zu unterteilen. So könnte beispielsweise ein Unterprogramm für Bildschirmausgaben zuständig sein, während ein anderes Tastatureingaben verwaltet. Eine klare und logische Gliederung dient dazu, die Wartung und Pflege der Software zu vereinfachen. Das ist ein ganz praktischer Vorteil, den Sie spätestens bei den in diesem Buch abgedruckten Programmen schätzen lernen werden. Wenn es jedoch nur um die Lesbarkeit ginge, fänden sich auch andere Möglichkeiten. Einige BASIC-Programme laufen erstaunlicherweise auch ohne jede erkennbare Gliederung. MS-DOS verlangt zudem die Unterteilung eines Programmes in mindestens zwei Bereiche: Ein Codesegment, in dem sich die auszuführenden Befehle befinden, und ein Stapelsegment, in dem zum Beispiel Registerinhalte zwischengespeichert werden. Desweiteren können ein oder mehrere Segmente zur Speicherung der Programmdaten existieren. An diese Vorgabe müssen Programme angepaßt sein.

Es gibt für Sie als angehenden Assemblerprogrammierer jedoch noch einen weiteren wesentlichen Faktor, warum das Programm klar gegliedert sein *muß*: Wie Sie schon im Abschnitt 2 über die Grundlagen der INTEL-Prozessoren lesen konnten, erfolgt die Adressierung aller Angaben innerhalb eines Programmes nicht über absolute Adressen. Vielmehr werden Segmentregister und Zeigerregister für den Zugriff auf Befehle und Daten eingesetzt. Von wenigen Ausnahmen abgesehen müssen Sie bei der Programmerstellung auch gar nicht wissen, wo die Daten physikalisch abgelegt sind. Das Betriebssystem MS-DOS verwaltet den Arbeitsspeicher derart, daß jedes Programm gerade in den Bereich des Arbeitsspeichers geladen wird, der dafür groß genug ist[1]. Für das Anwenderprogramm hat die Verwaltung des Arbeitsspeichers durch MS-DOS demnach zur Folge, daß nicht vorhergesagt werden kann, an welche physikalische Adresse ein Programm geladen wird. Da es aber dennoch ablauffähig sein soll, ergibt sich daraus die erste Anforderung an ein Maschinenprogramm:

---

[1]   Auf die Beschreibung der dabei verwendeten Methode möchte ich verzichten, da diese nicht unbedingt zum Verständnis beiträgt.

> Ein Assemblerprogramm muß innerhalb des Arbeitsspeichers *verschiebbar* sein.

Eine Konsequenz aus dem Verzicht auf absolute Adressenangaben während der Programmerstellung ist, daß Daten und Segmente nur mittels symbolischer Bezeichnungen angesprochen werden können. Erst zu dem Zeitpunkt, an dem das Programm in den Arbeitsspeicher geladen wird, werden die reellen Adressen an den notwendigen Positionen eingetragen. In der Fachliteratur wird des öfteren der Begriff *Relokatibilität* für die Verschiebbarkeit eines Programmes oder *Relokation* für die eigentliche Verschiebung verwendet.

Die zweite Forderung hat nicht nur etwas mit *Programmierstil* zu tun, sondern auch mit Betriebssicherheit und Funktionalität eines Programmes:

> Jedes Programm soll *eintrittsinvariant* sein.

Eintrittsinvariant bedeutet sinngemäß «erneut aufrufbar». Vermeiden Sie es, ein Programm zu schreiben, bei dem Sie während der Programmausführung den Programmcode oder immer wieder zu verwendende Daten verändern. Sollten Sie sich nicht daran halten, können Sie einzelne Unterprogramme unter Umständen nur ein einziges Mal aufrufen, da notwendige Startwerte Ihrer Daten zerstört sein könnten.

Der Weg, ein *verschiebbares* und *eintrittsinvariantes* Programm zu schreiben, ist nicht schwer, wenn Sie nur wenige Grundregeln beherzigen:

- Verwenden Sie im Programm zur Adressierung von Daten oder für Programmsprünge immer nur symbolische Adressen.

- Wenn Sie Unterprogramme aufrufen, vergewissern Sie sich, daß alle Registerzustände, die im Unterprogramm verändert werden könnten und für das Hauptprogramm von Bedeutung sind, zwischengespeichert werden.

- Sorgen Sie dafür, daß Standardwerte, die beim Programmstart initialisiert werden, auch während der Ausführung nicht verändert werden.

Ich möchte Ihnen keine Angst bereiten, aber Sie sollten sich an diese Regeln halten. Sie vermeiden hierdurch sogenannte «Anfängerfehler» und ersparen sich sehr viel Zeit für eine aufwendige Fehlersuche. Auf Assemblerebene kann es sonst sehr schnell heißen:

Bei Nichtbeachten: Systemabsturz

4.1 Segmentierung

In Kapitel 2.3.4 haben Sie erfahren, daß die Prozessoren der 80x86-Familie über sogenannte *Segmentregister* verfügen und wofür diese notwendig sind. Zur Erinnerung zeigt Ihnen die Tabelle 4-1 noch einmal die Funktion der einzelnen Segmentregister.

Register	Bezeichnung	Bedeutung
CS	Codesegment	zeigt immer auf den Speicherbereich, in dem sich die gerade auszuführenden Maschinenbefehle befinden
DS	Datensegment	zeigt auf den Datenbereich
SS	Stapelsegment	zeigt auf den Stapel, der zum Zwischenspeichern von Daten genutzt wird
ES	Extrasegment	zeigt auf einen weiteren Datenbereich
FS	Extrasegment	ab 80386: frei verfügbar
GS	Extrasegment	ab 80386: frei verfügbar

Tabelle 4-1 Verwendung der Segmentregister

Auf den folgenden Seiten werde ich Ihnen die detaillierte Definition der Segmente vorstellen. Im Anschluß daran lernen Sie die vereinfachten Modell-Anweisungen für Turbo Assembler kennen, die die Segmentverwaltung wesentlich erleichtern. Diese sollten Sie jedoch nicht ohne das notwendige Wissen über den Aufbau und die Segmentierung des Arbeitsspeichers verwenden.

Während der Compiler einer höheren Programmiersprache den Befehlen automatisch ein Codesegment und den Daten ein Datensegment zuweist, sowie ein Stapelsegment anlegt, muß der Assemblerprogrammierer die notwendigen Segmentdeklarationen selber vornehmen. Für die Kennzeichnung eines Segmentes genügen die Zeilen:

```
; Segmentanfang:
<SegName>    SEGMENT [Anordnung] [Verbindung] [Verwendung] ['Klasse']
             ASSUME   <Segmentregister>:<SegName>


             ...


<SegName>    ENDS         ; Segmentende
```

Der angegebene Segmentname muß mit der zugehörigen SEGMENT-Anweisung überein-
stimmen. Zwischen den Marken für den Beginn und dem Ende eines Segments stehen
die Assembler-Befehle.

In der Tabelle 4-2 werden die einzelnen Parameter der SEGMENT-Anweisung erläutert.
Alle Parameter dieser Anweisung, mit Ausnahme des Namens, sind optional. Erfolgen
keine Zuweisungen durch den Programmierer, so gilt als Standardeinstellung:

```
<SegName> SEGMENT PARA PRIVATE
```

Durch die ASSUME-Anweisung wird der Assemblierer angewiesen, bei allen Befehlen, die
implizit definierte Segmentregister verwenden, die korrekten Segmentreferenzen
einzusetzen. Als Beispiel für eine implizite Adressierung möchte ich den Befehlszähler
IP nennen, der ausschließlich mit den CS-Register zusammenarbeiten kann.

```
ASSUME <Segmentregister>:<SegName>
```

Jedes einzelne Segment eines Programmes kann bis zu 64 Kilobyte groß werden. Wann
immer es notwendig wird, einen größeren Speicherbereich zur Verfügung zur haben,
müssen Sie die entsprechenden Segmentregister neu setzen und dem Assemblierer neue
Referenzen mitteilen.

In der ASSUME-Anweisung können Sie die einzelnen Zuweisungen durch ein Komma
getrennt in eine Zeile schreiben:

```
ASSUME CS:CSEG, DS:DSEG, SS:SSEG, ES:NOTHING
```

Wie in diesem Beispiel zu sehen, ist es auch möglich, einem Register «nichts»
zuzuweisen. Hierdurch können Segmentreferenzen wieder entfernt werden, wenn eine
Referenzierung durch den Assemblierer ausgeschlossen werden soll.

> Durch ein ASSUME werden die Segmentregister *nicht* mit den zugehörigen Adressen
> versorgt. Diese Aufgabe bleibt weiterhin dem Programmierer überlassen.

Besteht ein Programm aus mehreren gleichartigen Segmenten, wie zum Beispiel aus
mehreren Datensegmenten, müssen Sie vor einem Zugriff auf dieses Segment eine
ASSUME-Zeile einfügen.

SEGMENT	Erklärung der Parameter		
SegName	Symbolischer Name des Segments		
Anordnung	Festlegung, wo das Segment im Arbeitsspeicher beginnt		
	Kennung	Anfang	Adresse
	BYTE	nächste Adresse	Segment:xxxnh
	WORD	nächste geradzahlige Adresse	Segment:xxxnh
	DWORD	nächste Doppelwortadresse	Segment:xxxnh
	PAGE	nächste 256-Byte-Adresse	Segment:xx00h
	PARA	nächste Paragraphenadresse	Segment:0000h
Verbindung	Anordnung des Segments im Arbeitsspeicher		
	Kennung	Anordnung	
	AT	feste Adresse	
	COMMON	Segmente gleichen Namens überlagern sich	
	MEMORY	Segmente gleichen Namens werden hintereinander angeordnet (Gesamtgröße $\leq$ 64 KB)	
	PUBLIC	wie MEMORY	
	PRIVATE	Alle Segment werden separat angelegt, d.h. Label sind nur den einzelnen Segmenten bekannt	
	STACK	Segment gleichen Namens werden zusammengefaßt. *Nur für Stapelsegment zulässig!*	
Verwendung	Dieser Parameter ist nur bei 80386-Prozessoren von Bedeutung und soll an dieser Stelle nicht weiter beschrieben werden.		
'Klasse'	Segmente gleicher Klasse werden vom Linker zusammenhängend angeordnet. Der Name muß in einfache Hochkommas eingeschlossen werden.		

Tabelle 4-2 SEGMENT-Anweisung

Eine vollständige Segmentzuweisung muß also wie folgt aussehen:

```
<SegName>    SEGMENT [Anordnung] [Verbindung] [Verwendung] ['Klasse']
             ASSUME <Segmentregister>:<SegName>

             mov   ax, <SegName>
             mov   <Segmentregister>, ax
             ...
<SegName>    ENDS
```

4.1.1 Codesegment

Alle Befehle eines Programmes müssen nach der Übersetzung und der Einbindung in die Betriebssystemumgebung von der CPU in einem Segment, das über das *CS-Register* angesprochen wird, dem sogenannten *Codesegment*, zu finden sein. Die einzelnen Befehle werden durch das Registerpaar *CS:IP* adressiert.

Innerhalb des Codesegments können zusätzlich zu den Befehlen auch Daten gespeichert werden. Beispielsweise legt Turbo-Pascal hier alle Konstanten ab, um das komplette Datensegment für Variablen und typisierte Konstanten frei zu halten. Wenn Sie diese Technik ebenfalls verwenden möchten, müssen Sie aufpassen, daß Ihr Programm nicht in den Konstantenbereich «hineinläuft».

```
CSeg        SEGMENT 'CODE'
            ASSUME CS:CSeg, DS:CSeg

            mov   ax, CSeg
            mov   ds, ax

            ...

            jmp   Weiter       ; Konstantendeklaration überspringen

; nun folgen einige Konstanten:

Hinweis     db    'Wichtiger Hinweis:', 13, 10, '$'
Text        db    'Konstanten im Codesegment müssen übersprungen werden!', 13, 10, '$'
            ...

Weiter:     ...                ; Hier folgt der nächste Befehl

Cseg        ENDS
```

Zum Schutz vor einem solchen Fehler genügt es, den entsprechenden Bereich im Codesegment zu überspringen, wie in diesem Beispiel vorgeführt.

4.1.2 Datensegment

Die gesamten Daten eines Programmes, hierzu zählen Variablen, Datenpuffer, Konstanten, feste Texte, etc., werden in einem Segment abgelegt, das über das *DS-Register* oder das *ES-Register* adressiert wird.

Wenn die Daten im Codesegment ablegt werden, beinhaltet das DS-Register den gleichen Wert, wie das CS-Register. Dieses Verfahren wird heute in der Regel nur noch bei COM-Programmen angewendet, deren Struktur aus CP/M-Zeiten stammt. In EXE-Dateien werden hingegen vom Codesegment getrennte Datensegmente angelegt. Somit hat man für die Daten einen Bereich von bis zu 64 KByte zur Verfügung. Innerhalb eines Programmes können mehrere Datensegmente existieren. Genügen Ihnen zwei Datensegmente, so können Sie neben dem «Standard»-Datensegment, das über DS adressiert wird, gleichzeitig ein weiteres Segment über das ES-Register ansprechen.

4.1.3 Stapelsegment

Das Stapelsegment ist neben dem Codesegment das einzige, das in jedem Programm vorhanden sein muß. Es dient generell zur Zwischenspeicherung vom Registerinhalten, die immer als Wort, d.h. mit 2 Byte dort abgelegt werden. Eine Zwischenspeicherung ist beispielsweise immer dann notwendig, wenn ein Unterprogramm aufgerufen werden soll.

Die Größe des Stapels kann der Programmierer durch die Zeilen

```
STACK SEGMENT 'STACK'

     db <Größe> dup (?)

STACK ENDS
```

festlegen, wobei für `<Größe>` eine entsprechende Anzahl von Bytes eingetragen werden muß.

Möchten Sie «nur» eine COM-Datei erstellen, können Sie auf die Deklaration eines Stapelsegments verzichten. Da dieser Dateityp mit nur einem 64 KB-Segment auskommt, werden die letzten 100 Byte des Segments automatisch als Stapel angelegt. Weiter Informationen zum Aufbau eines COM-Programms finden Sie in Kapitel 4.2.1.

4.1.4 Vereinfachte Segmentzuweisungen

Die in den vergangenen Abschnitten vorgestellten Anweisungen zur Segmentbildung
müssen in jedem Programm zu finden sein. Ansonsten wäre der Assemblierer nicht in
der Lage, ihr Programm zu übersetzen. Es ist andererseits aber auch so, daß jeder
Programmierer sich mehr oder weniger scheut, immer wiederkehrende Eingaben zu
wiederholen. Er versucht vielmehr, gleichbleibende Eingaben durch eine Batchdatei für
den DOS-Arbeitsbereich, durch Makrodefinitionen für Editoren und so weiter zu
vereinfachen. Denn alles, das man mehr als einmal eingeben muß, kann programmiert
werden. Auch die Entwickler moderner Assemblierer (TASM, MASM, etc.) haben so
gedacht und schufen die Möglichkeit, Segmente durch vereinfachte Anweisungen bilden
zu können.

Für die Bildung des Codesegments genügt alternativ zum oben vorgestellten Vorgehen
die Zeile

```
.CODE
```

und für das Datensegment

```
.DATA
```

Auch das Stapelsegment kann nun mit nur einer Zeile definiert werden:

```
.STACK [Größe]
```

Der Assemblierer sorgt dann automatisch für die korrekte Segmentbildung einschließlich
der ASSUME-Anweisung. Sie selber müssen keine weiteren Angaben machen.

Ein einfaches Programm zur Textausgabe könnte einschließlich aller notwendigen
Segmentangaben so aussehen:

```
;  ******************************************
; *                                        *
; * Beispielprogramm 4-1: Textausgabe      *
; *                                        *
;  ******************************************

            .MODEL TINY            ; Programmart COM wählen
                                   ; Benötigt kein eigenes Stapelsegment

            .CODE                  ; Beginn des Programmcodes

            ORG 100h               ; Setzt die Anfangsadresse der folgenden
                                   ; Programmcodes

; Assemblierer-Konstanten
BILDAUS     equ    09h             ; MS-DOS-Funktion: Bildschirmausgabe
ENDPROCESS  equ    4Ch             ; MS-DOS-Funktion: Programm beenden
```

```
DOSINT      equ    21h                    ; MS-DOS-Funktionsaufruf

PrgAnfang:  jmp    Ausgabe

HALLO       db     'Das ist eine Textausgabe in Assembler.'
            db     0Dh, 0Ah, '$'

Ausgabe:    mov    bx, cs                 ; DS := CS
            mov    ds, bx

            mov    dx, OFFSET HALLO       ; DX zeigt auf Anfang des Textes
            mov    ah, BILDAUS            ; Funktion 'Bildschirmausgabe' wählen
            int    DOSINT                 ; DOS-Funktion ausführen

            mov    al, 00                 ; Programm-Exitcode setzen
            mov    ah, ENDPROCESS         ; Funktion 'Programmende' wählen
            int    DOSINT                 ; DOS-Funktion ausführen

            END    PrgAnfang
```

4.1.5 Zugriff auf Segmente

Für den Zugriff auf Befehle und Daten eines Programmes ist die Kenntnis des
Zusammenwirkens der CPU-Register notwendig. Für die 80x86-Prozessoren gelten
hierbei die Festlegungen der Tabelle 4-3.

Segment	Register	Segment	Register
Codesegment CS	CS:IP	Stapelsegment SS	SS:SP SS:BP
Datensegment DS	DS:AX DS:BX DS:CX DS:DX DS:SI DS:DI	Extrasegment ES	ES:AX ES:BX ES:CX ES:DX ES:SI ES:DI
Extrasegment FS (ab 80386)	FS:AX FS:BX FS:CX FS:DX FS:SI FS:DI	Extrasegment GS (ab 80386)	GS:AX GS:BX GS:CX GS:DX GS:SI GS:DI

Tabelle 4-3 Zugriff auf Segmente

Wie Sie leicht erkennen können, ist der Zugriff auf die Befehle im Codesegment und die Daten auf dem Stapel streng reglementiert. Ein Zugriff auf die Daten kann dagegen über verschiedene Registerkombinationen erfolgen.

Zugriff auf das Stapelsegment

Der Stapel ist nach dem Schema *«Last In - First Out» (LIFO)* aufgebaut. Dies bedeutet nichts anderes, als daß die Daten, die zuletzt auf dem Stapel abgelegt wurden, auch als erste wieder von dort entfernt werden müssen. Das Bild 4-1 verdeutlicht diese Funktion: Sie können den Wert S1 erst vom Stapel holen, wenn Sie zuvor die Werte S2 und S3 entfernt haben.

Vergleichbar ist dieser Vorgang mit einer Menge von Dosen, die übereinander aufgestapelt wurden. Wenn Sie versuchen, eine andere, als die oberste Dose zuerst zu entfernen, stürzt der ganze Stapel zusammen.

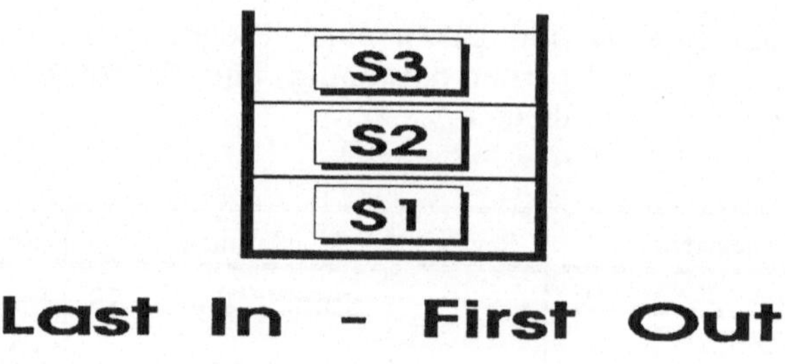

Bild 4-1 Stapelaufbau

In Zusammenarbeit mit dem SS-Register zeigt das SP-Register (Stack-Pointer) auf die Adresse, an der das letzte auf dem Stapel gespeicherte Wort abgelegt ist. Der Buffer-Pointer BP erlaubt durch seine implizite Verknüpfung mit den SS-Register einen schnellen Zugriff auf Werte innerhalb des Stapelsegments.

Auf den Stapel werden Registerinhalte in der Regel durch den Befehl PUSH abgelegt beziehungsweise durch POP wieder von dort abgeholt. Dabei wird jeweils der Wert des Stapelzeigers aktualisiert. Die nun folgenden Abbildungen sollen die einzelnen Schritte, die von der CPU ausgeführt werden, verdeutlichen.

Als Ausgangssituation gehe ich davon aus, daß sich im AX-Register der Wert 0A01h und im CX-Register der Wert 0150h befindet. Der Stapelzeiger zeigt auf die Adresse 100h im Stapelsegment. Dieser Zustand ist in Bild 4-2 dargestellt.

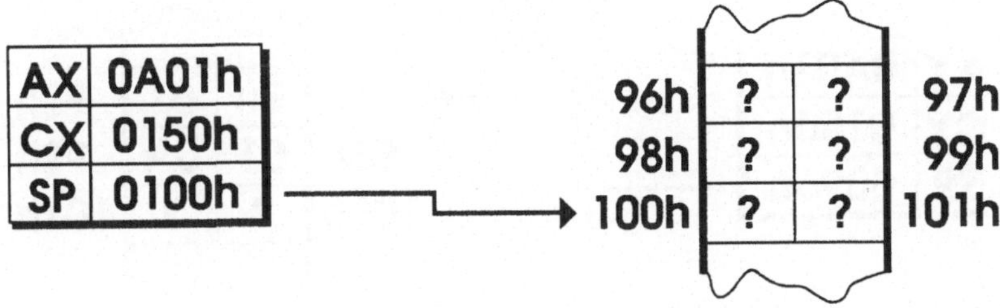

Bild 4-2 Stapel vor Ausführung von PUSH

Durch den Befehl

```
push ax
```

wird nun zunächst der Inhalt von SP um 2 *vermindert* und anschließend der Inhalt von AX auf die nun adressierte Speicherstelle kopiert. Entsprechend der INTEL-Konvention befindet sich dabei das Low-Byte auf der niedrigeren Adresse, wie Sie Bild 4-3 entnehmen können.

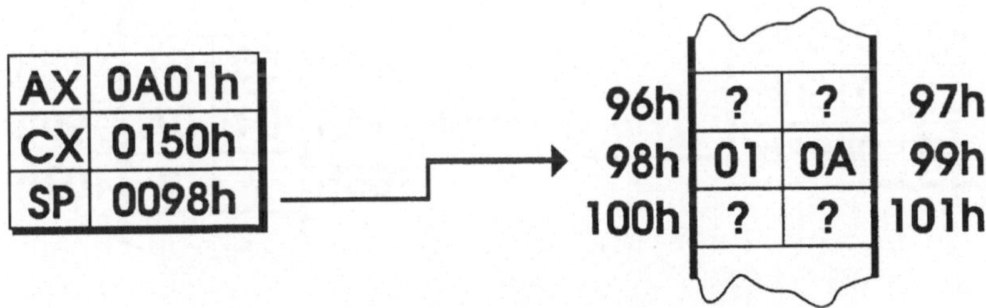

Bild 4-3 Stapel nach Ausführung von PUSH AX

Beachten Sie, daß der Arbeitsspeicher zwar in einzelnen Bytes adressiert werden kann, ein PUSH oder POP aber immer auf ein Speicherwort (2 Byte) wirkt. Daher wird der SP-Inhalt immer um 2 erhöht bzw. erniedrigt. Die folgende Anweisung

```
push cx
```

führt zu Bild 4-4.

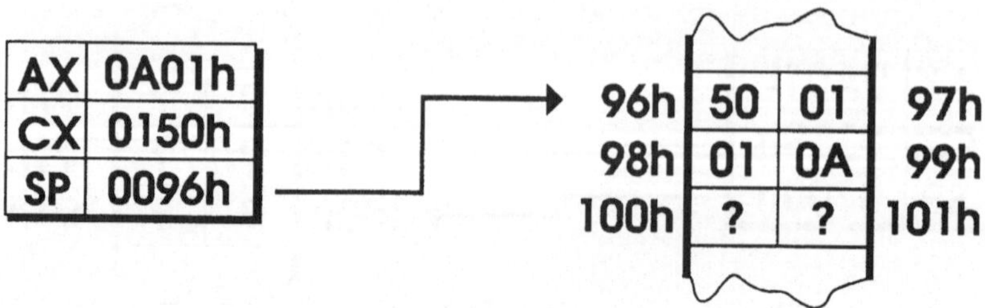

Bild 4-4 Stapel nach Ausführung von PUSH CX

Die Inhalte des AX- bzw. des CX-Registers wurden durch diese beiden Befehle nicht
verändert. Verwenden Sie jetzt den Befehl

```
pop ax
```

führt dies dazu, daß erst der Inhalt der Speicherstelle, auf die SP zeigt, nach AX kopiert
wird und dann der Stapelzeiger um 2 *erhöht* wird (Bild 4-5).

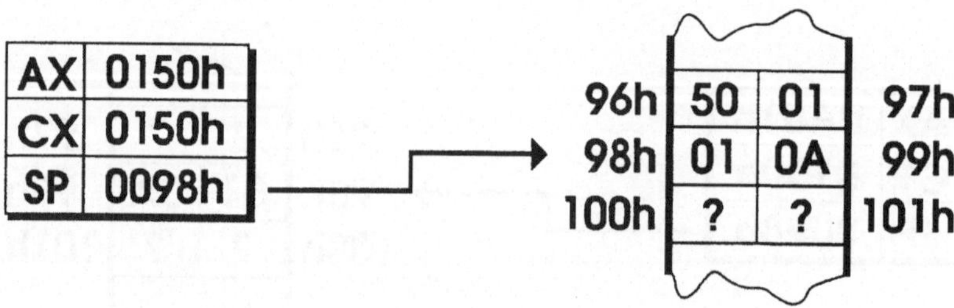

Bild 4-5 Stapel nach Ausführung von POP AX

Durch die Ausführung von

```
pop cx
```

haben Sie nun den Austausch der Inhalte von AX und CX erreicht (Bild 4-6).

Sie können leicht erkennen, daß nun der Stapel von den zwischengespeicherten Werten
bereinigt worden ist. Sie müssen generell in jedem Programm dafür Sorge tragen, daß
sich für jedes PUSH auch ein POP im Programm findet. Sollten Sie zuviele oder zuwenige

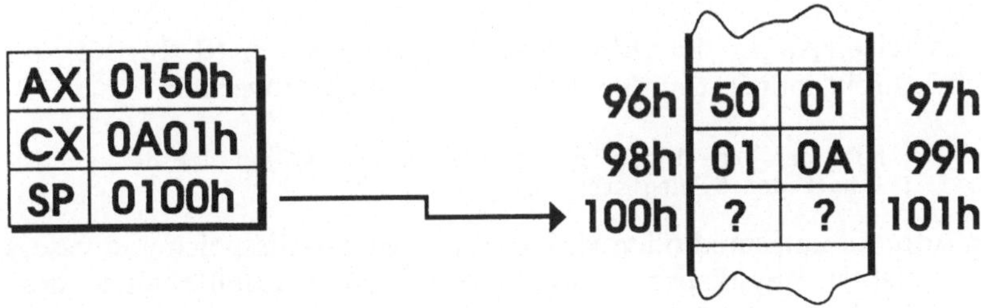

Bild 4-6 Stapel nach Ausführung von POP CX

Werte vom Stapel zurückholen, ist nicht nur ein Fehlverhalten ihres Programmes die Folge, sondern der Rechner kann hierdurch ins Nirwana befördert werden.

Obwohl das SP-Register auch für arithmetische Operationen zur Verfügung steht, sollten Sie sich hüten, den Registerinhalt zu verändern. Ein Stapelüberlauf und ein damit verbundener Systemabsturz könnte zum Beispiel die Folge einer fehlerhaften Stapelprogrammierung sein.

- Alle Daten, die auf dem Stapel abgelegt werden, müssen auch von dort wieder abgeholt werden.

- Verändern Sie den Inhalt des SP-Registers nicht.

Zugriff auf das Datensegment

Der Zugriff auf die variablen Daten eines Programmes erfolgt entweder mittels der direkten Adressierung oder durch indirekt indizierte Adressierung des Datensegments. Eine detaillierte Beschreibung dieser Adressierungsarten finden Sie in Kapitel 2.4. An dieser Stelle sollen zwei kurze Beispiele genügen.

Im Datensegment ist die Deklaration

```
Variable  db 0815h
```

zu finden. Mit der Anweisung

```
mov ax, [Variable]      ; holt den Inhalt der Speicherstelle nach AX auf die
                        ; der Name 'Variable' zeigt
```

adressieren Sie die Variable direkt und holen somit den Wert 0815h in das AX-Register.

Befindet sich beispielsweise der Offset des Datums Variable im SI-Register, kann dessen Inhalt auch indirekt indiziert in den Akkumulator kopiert werden:

```
mov ax, [si]   ; holt den Inhalt der Speicherstelle nach AX auf die der
               ; Inhalt des SI-Registers zeigt
```

Bei beiden Adressierungsmethoden wird die effektive Arbeitsspeicheradresse, an der der Wert der Variablen physikalisch gespeichert ist, unter Zuhilfenahme des *DS-Registers* gebildet.

Zeigt hingegen das *ES-Register* auf das gewünschte Datensegment, müssen Sie dies explizit programmieren. Die Programmzeilen würden dann so aussehen:

```
mov ax, [es:Variable]
```

```
mov ax, [es:si]
```

Durch die Anweisung PTR ist es möglich, Daten in ein Register einzulesen, wenn der Datentyp nicht übereinstimmt. Wichtig ist dies dann, wenn beispielsweise im Datensegment ein Datenwort definiert wurde, hiervon aber nur ein Byte in ein 8-Bit-Register eingelesen werden soll.

```
.DATA
WortWert dw 4711h
...

.CODE
...
mov al, BYTE PTR [WortWert]   ; Low-Byte nach AL
mov bl, BYTE PTR [WortWert+1] ; High-Byte nach BL
```

4.2 'COM'- und 'EXE'-Programme

Wenn Sie sich schon einmal das Handbuch zum MS-DOS-Betriebssystem und das Inhaltsverzeichnis ihrer Festplatte genauer angesehen haben, haben Sie festgestellt, daß es nur drei verschiedene Programmarten gibt, die direkt ausführbar sind.

Als erste ist hier die Batchdatei (Stapeldatei) zu nennen. Hierin sind die Befehle zu finden, die Sie zum größten Teil auch direkt von der MS-DOS-Ebene aus eingeben können. In der Tat handelt es sich auch um einen Stapel von MS-DOS-Befehlen, die nacheinander ausgeführt werden. Mit einem einfachen Texteditor können diese verändert und sofort ausgeführt werden. Das «berühmteste» Beispiel ist die AUTOEXEC.BAT-Datei, die nach dem Start des Rechners automatisch ausgeführt wird.

Weiter gibt es Programme, die das Suffix 'COM' beziehungsweise 'EXE' besitzen. Hierbei handelt es sich um compilierte Programme. Der Quellcode wurde auch hier mit einem Editor eingegeben. Damit diese Programme ausgeführt werden können, müssen Sie übersetzt und vom Linker gebunden werden. Als Programmiersprache kann z.B. C, Pascal oder auch Assembler verwendet werden. Programme, die unter Turbo-Pascal 3.0 erstellt wurden, waren immer 'COM'-Dateien. Spätere Versionen des Borland-Compilers erzeugen immer 'EXE'-Programme.

Wo liegen die Unterschiede zwischen einem 'COM'- und einem 'EXE'-Programm? Die Tatsache, das es zwei Programmarten gibt, die beide auf die Übersetzung eines Quelltextes zurückzuführen sind, ist zunächst historisch begründet. In der Anfangszeit der Computer war Speicherplatz teuer und nur aufwendig zu verwalten. So war es unter dem Betriebssystem CP/M und den zur Verfügung stehenden 8-Bit-Prozessoren nur möglich, auf

$$2^{16} \text{ Byte } = 65535 \text{ Byte } = 64 \text{ KByte}$$

zuzugreifen. Kein Programm konnte ohne Tricks, wie beispielsweise die sogenannten *Overlays*, größer werden, und sowohl der Programmcode, als auch die Daten mußten innerhalb dieses Platzes untergebracht werden. Als das Betriebssystem MS-DOS auf den Markt kam, machten es sich die Programmierer der Firma Microsoft zur Aufgabe, die zahlreichen CP/M-Programme mit möglichst wenig Änderungen auf den neuen Rechnern ausführen zu können. Ein weiteres Kennzeichen eines 'COM'-Programmes ist die Tatsache, daß es ohne Anpassung von Speicheradressen direkt aus der Datei in den Arbeitsspeicher kopiert wird, was wiederum sehr schnell geschieht. Die Kompaktheit und die Geschwindigkeit beim Laden des Programmes haben dafür gesorgt, das 'COM'-Programme bis heute überlebt haben (z.B.: COMMAND.COM). Erst später waren größere Programme von neuen Betriebssystemen mit leistungsfähigeren Prozessoren zu verwalten. Diese Programme erhielten das Suffix 'EXE'.

Der Aufbau beider Programmtypen soll nun im Überblick erklärt werden. Welche Konsequenzen sich hieraus für den Assemblerprogrammierer ergeben, werde ich im nächten Kapitel schildern.

4.2.1 Die 'COM'-Struktur

Ein 'COM'-Programm belegt auch unter den neuesten MS-DOS-Versionen immer ein Segment mit einer Maximalgröße von 64 KByte. Innerhalb dieses Bereiches sind Programmcode, Daten und der Stapel untergebracht. Zwangsläufig werden alle Segmente mit der gleichen Anfangsadresse geladen. Die gesamte Struktur dieses Programmtyps ist fest definiert und in Bild 4-7 dargestellt.

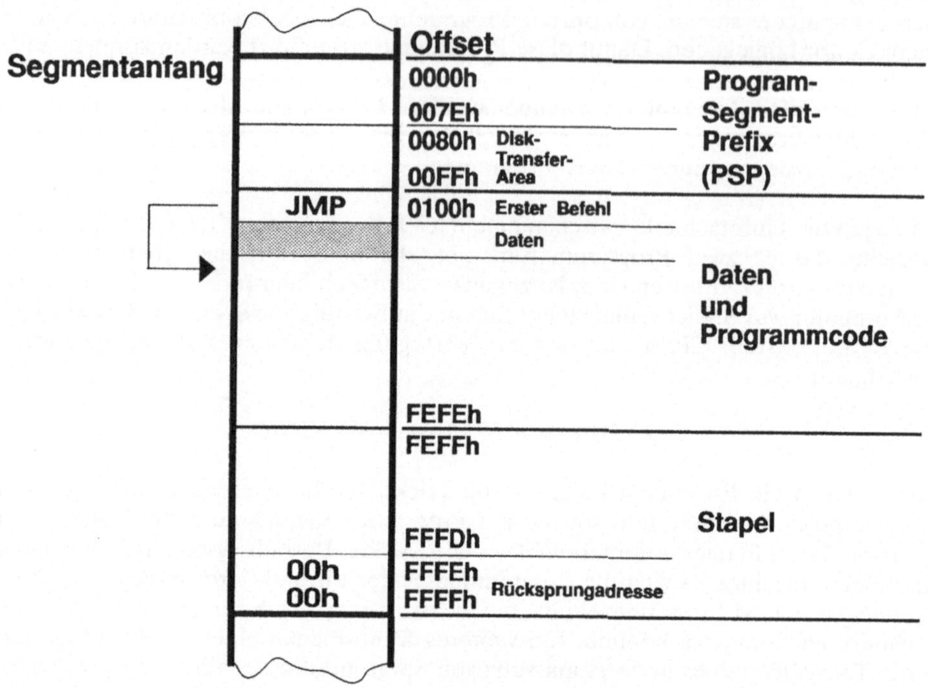

Bild 4-7 Struktur eines 'COM'-Programmes

Beim Aufruf jedes Programmes legt MS-DOS das sogenannte *Program Segment Prefix*
an. In ihm sind wichtige Systemaufrufe und die Aufrufparameter des Programmes
abgelegt. Hierdurch sind die ersten 255 Byte des Segments vergeben. Als erste freie
Adresse steht somit die Adresse *0100h* zur Verfügung. Hier *muß* der *erste auszuführende
Befehl* stehen, was mit der Anweisung *ORG 0100h* erreicht werden kann. Dieser erste
Befehl kann ein Sprung zu einer höheren Adresse zu sein, um einen Bereich zur Datenspeicherung zu schaffen (Im Bild 4-7 grau unterlegt).

Ab der Adresse 0FEFFh beginnt der Stapel, für den 255 Byte durch MS-DOS reserviert
werden. Am Anfang des Stapels (Offset 0FFFEh-0FFFFh) speichert DOS 0000h als
Rücksprungadresse, um das Programmende mittels dem RET-Befehl (Return from
subroutine) zu ermöglichen. Durch diesen Rücksprung wird das Programm innerhalb
des gleichen Segments am Adreßoffset 0000h fortgesetzt, wo von MS-DOS der Befehl
INT 20h abgelegt wurde. Dieser Befehl führt dann zum Ende des Programms.

```
;   ******************************************
;   *                                        *
;   * Beispielprogramm 4-2: Texteingabe      *
;   *                                        *
;   ******************************************
;   * Dieses Programm soll                   *
;   *     1. eine Begrüßung ausgeben         *
;   *     2. eine Eingabe einlesen           *
;   *     3. den Eingabetext ausgeben        *
;   ******************************************
;

;=====================================================================
; Gleichsetzungen für den Assemblierer:

TASTEIN         equ     10              ; Fkt.: Tastatureingabe
BILDAUS         equ     9               ; Fkt.: Bildschirmausgabe
DOSINT          equ     21h             ; MS-DOS Interrupt-Nummer

MAXSIZE         equ     30              ; max. Zeichenzahl im Eingabepuffer
CR              equ     13              ; ASCII: <Carriage Return>
LF              equ     10              ; ASCII: <Line Feed>
LEER            equ     ' '             ; ASCII: <Space>
EDB             equ     '$'             ; Zeichen für "Ende der Botschaft"

ANZAHL          equ     20              ; Anzahl der Textausgaben

;=====================================================================
; Anfang des Codesegments:

                .MODEL TINY             ; Kleinste Programmart: COM
                .CODE                   ; Beginn des Programmcodes

                ORG  100h               ; Anfang COM-Datei

PrgAnfang:      jmp  SHORT Start        ; Sprung über Datenbereich zur
                                        ; Marke 'Start'. Die Anweisung SHORT
                                        ; kennzeichnet einen Sprung innerhalb eines
                                        ; Bereichs von -128 bis +127 Bytes.

;=====================================================================
; Datenbereich innerhalb des Codesegments:

PUFSIZE         db   MAXSIZE            ; max. Zeichenzahl
ACTSIZE         db   ?                  ; DOS hinterlegt hier die aktuelle Zahl
                                        ; der Eingabezeichen
PUFTXT          db   MAXSIZE dup (" ")  ; Eingabepuffer wird mit MAXSIZE Leerzeichen
                                        ; (hier: 30 Leerzeichen) initialisiert
ENDPUF          db   CR, LF, EDB        ; Diese Angaben werden für die Ausgabe des
                                        ; Eingabetextes benötigt.

BGRTXT          db   'Guten Tag! '      ; Begrüßungstext
                db   'Bitte geben Sie einen Text ein:', CR, LF
                db   EDB

;=====================================================================
; Programmbereich:

; Begrüßungstext ausgeben:
Start:          mov  dx,OFFSET BGRTXT   ; Adresse des ersten Zeichens des
                                        ; Begrüßungstextes nach DX laden: Der Name
                                        ; 'BGRTXT' zeigt hierauf.
```

```
                mov   ah,BILDAUS          ; AH: DOS-Funktionsnummer
                int   DOSINT             ; Funktion durch Interruptaufruf ausführen.

; Lesen der Antwort:
                mov   dx, OFFSET PUFSIZE  ; Adresse des Speicherplatzes, der die Größe
                                         ; des Eingabepuffers angibt, nach DX laden.
                mov   ah, TASTEIN         ; AH: DOS-Funktionsnummer
                int   DOSINT

; Löschen des CR=Zeichens im Eingabepuffer:
                mov   al, ACTSIZE         ; AL: aktuellen Zeichenzahl
                xor   ah, ah              ; AH löschen.
                mov   si, ax              ; In das 16-Bit-Register SI den Inhalt von AX
                                         ; kopieren.
                mov   [si+PUFTXT], LEER   ; Den ASCII-Code des Leerzeichens an die
                                         ; letzte Position im Eingabepuffer schreiben.

; Ausgabe des Textes:
                mov   cx, ANZAHL          ; Schleifenzähler initialisieren
Ausgabe:        mov   dx, OFFSET PUFTXT   ; Adresse des Speicherplatzes, an dem der
                                         ; Eingabepuffer beginnt, nach DX laden.
                mov   ah, BILDAUS         ; AH: DOS-Funktionsnummer
                int   DOSINT

                loop Ausgabe              ; CX um 1 vermindern.
                                         ; Falls CX > 0: springe zur Marke 'Ausgabe'.
                                         ; Falls CX = 0: Programm fortsetzen.

; Ende des Programmes:
                ret                       ; Programmende bei COM-Datei: RETURN

                END   PrgAnfang           ; Anweisung an den Assemblierer: Programmende
```

4.2.2   Die 'EXE'-Struktur

Ein 'EXE'-Programm unterscheidet sich von einem 'COM'-Programm bezüglich der Anzahl der möglichen Segmente, des Daten- und des Stapelsegments ganz erheblich, wie Sie in Bild 4-8 erkennen können.

Es möglich ist, mit mehreren Code- und mehreren Datensegmenten zu arbeiten, und damit ist die Größe eines 'EXE'-Programmes grundsätzlich nur durch die vom System vorgegebenen physikalischen Grenzen in seiner Größe begrenzt. Als Mindestvoraussetzung müssen das *Code-* und das *Stapelsegment* vorhanden sein. Über die Reihenfolge, wie die Segmente im Arbeitsspeicher angeordnet werden, brauchen Sie sich nicht zu kümmern.

Da die einzelnen Segmente an verschiedenen physikalischen Adressen innerhalb des Arbeitsspeichers liegen können, ist es bezüglich der Datensegmente notwendig, die dazugehörigen Segmentregister zu Beginn des Programm mit der richtigen Segmentadresse zu laden.

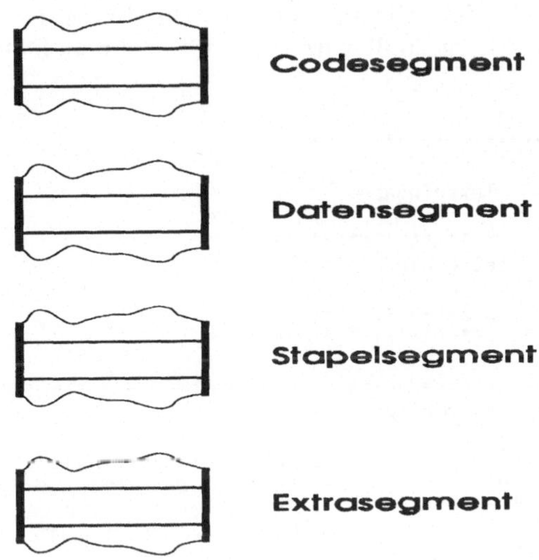

Bild 4-8 Struktur eines 'EXE'-Programmes

Dies ist insbesondere beim Einsatz der vereinfachten Segmentanweisungen einfach möglich. Mit den vordefinierten Symbolen `@data`, `@fardata` oder `@fardata?` können dem DS- bzw. dem ES-Register die zugehörige Segmentadresse zugewiesen werden:

```
.DATA

; Datendefinitionen
...

.CODE

mov  ax, @data       ; Datensegmentadresse nach AX
mov  ds, ax          ; und anschließend nach DS laden
ASSUME ds:@data      ; Assemblierer-Anweisung
...
```

Warum wird hier die Segmentadresse mit dem Umweg über das AX-Register dem DS-Register zugewiesen? Das liegt einfach daran, daß die Prozessoren der 80x86-Familie keinen Befehl kennen, der es ermöglicht, dem DS-Register eine 16-Bit-Zahl direkt zuzuweisen.

Auf den nächsten Seiten sehen Sie im Prinzip das Beispielprogramm 4-2 noch einmal. Der Unterschied besteht darin, daß nun ein 'EXE'-Programm erstellt werden soll. Das Speichermodell SMALL erzeugt ein Programm, daß aus drei unterschiedlichen Segmenten, dem Code-, dem Daten- und dem Stapelsegment besteht. Die letzten beiden müssen explizit definiert werden. Ein Programmende mittels RET ist nun nicht mehr möglich. Die verwendete Lösung sollte im Allgemeinen auch in 'COM'-Programmen angewandt werden, da hierdurch sichergestellt wird, daß alle offenen Dateien ordnungsgemäß geschlossen werden.

```
;   ***********************************************
;   *                                             *
;   * Beispielprogramm 4-3: Texteingabe           *
;   *                                             *
;   ***********************************************
;   * Dieses Programm arbeitet genauso wie        *
;   * Beispielprogramm 4-2.                       *
;   * Hierbei wird jedoch ein EXE-Datei erstellt. *
;   ***********************************************


;======================================================================
; Gleichsetzungen für den Assemblierer:

TASTEIN         equ     10              ; Fkt.: Tastatureingabe
BILDAUS         equ      9              ; Fkt.: Bildschirmausgabe
ENDE            equ     4Ch             ; Fkt.: Programm beenden
DOSINT          equ     21h             ; MS-DOS Interrupt-Nummer

MAXSIZE         equ     30              ; max. Zeichenzahl im Eingabepuffer
CR              equ     13              ; ASCII: <Carriage Return>
LF              equ     10              ; ASCII: <Line Feed>
LEER            equ     ' '             ; ASCII: <Space>
EDB             equ     '$'             ; Zeichen für "Ende der Botschaft"
ANZAHL          equ     20              ; Anzahl der Textausgaben


;======================================================================
; Anfang des Codesegments:

                .MODEL SMALL            ; Programmart: Code und Daten in getrennten
                                        ; Segmenten

                .STACK 100h             ; Stapel mit 100h Byte festlegen


;======================================================================
; Datenbereich:

                .DATA                   ; Beginn des Datensegments

PUFSIZE         db      MAXSIZE         ; max. Zeichenzahl
ACTSIZE         db      ?               ; DOS hinterlegt hier die aktuelle Zahl der
                                        ; Eingabezeichen
PUFTXT          db      MAXSIZE dup (" "); Eingabepuffer wird mit MAXSIZE Leerzeichen
                                        ; (hier: 30 Leerzeichen) initialisiert
ENDPUF          db      CR, LF, EDB     ; Diese Angaben werden für die Ausgabe des
                                        ; Eingabetextes benötigt.

BGRTXT          db      'Guten Tag! '   ; Begrüßungstext
                db      'Bitte geben Sie einen Text ein:', CR, LF, EDB
```

```
;======================================================================
; Programmbereich:

                .CODE                   ; Beginn des Programmcodes

; Begrüßungstext ausgeben:
Start:          mov  ax, @data          ; Datensegmentadresse nach DS
                mov  ds, ax
                ASSUME DS:@data

                mov  dx,OFFSET BGRTXT    ; Adresse des ersten Zeichens des
                                        ; Begrüßungstextes nach DX laden: Der Name
                                        ; 'BGRTXT' zeigt hierauf.
                mov  ah,BILDAUS          ; AH: DOS-Funktionsnummer
                int  DOSINT             ; Funktion ausführen

; Lesen der Antwort:
                mov  dx, OFFSET PUFSIZE  ; Adresse des Speicherplatzes, der die Größe
                                        ; des Eingabepuffers angibt nach DX laden.
                mov  ah, TASTEIN         ; AH: DOS-Funktionsnummer
                int  DOSINT             ; Funktion ausführen

; Löschen des CR-Zeichens im Eingabepuffer:
                mov  al, ACTSIZE         ; AL mit der aktuellen Zeichenzahl laden
                xor  ah, ah             ; und AH löschen.
                mov  si, ax             ; In das 16-Bit-Register SI den Inhalt von AX
                                        ; kopieren.
                mov  [si+PUFTXT], LEER   ; Den ASCII-Code des Leerzeichens an die
                                        ; letzte Position im Eingabepuffer schreiben.

; Ausgabe des Textes:
                mov  cx, ANZAHL          ; Schleifenzähler initialisieren
Ausgabe:        mov  dx, OFFSET PUFTXT   ; Adresse des Speicherplatzes, an dem der
                                        ; Eingabepuffer beginnt, nach DX laden.
                mov  ah, BILDAUS         ; AH: DOS-Funktionsnummer
                int  DOSINT             ; Funktion ausführen
                loop Ausgabe            ; CX um 1 vermindern.
                                        ; Falls CX > 0: springe zur Marke 'Ausgabe'.
                                        ; Falls CX = 0: Programm fortsetzen.

; Ende des Programmes:
                mov  ah, ENDE            ; AH: Programm beenden
                xor  al, al             ; AL löschen (Exitcode 0)
                int  DOSINT             ; Funktion ausführen

                END  Start              ; Anweisung an den Assemblierer:
                                        ;  Programm- und Segmentende
```

5 Grundtechniken der Assembler-Programmierung

Assembler-Programmierung bedeutet Arbeit am Herz des Rechners: der Central Processing Unit (CPU). Die Befehle, mit denen Daten aus dem Arbeitsspeicher in die CPU-Register und umgekehrt transportiert werden, überwiegen ganz deutlich in einem Programm. In der CPU selbst werden die eigentlichen arithmetische und logische Operationen ausgeführt.

Unterstützung bei der Bemühung, Ordnung in die Fülle der möglichen Operationen innerhalb eines Computers zu bringen und die richtige Aktion zur richtigen Zeit auszuführen, findet man im jeweiligen Betriebssystem, unter dem der Rechner arbeitet. In unserem Fall ist es MS-DOS (*M*icrosoft *D*isk-*O*perating-*S*ystem), das grundlegende Routinen, wie zum Beispiel für die Zeichenausgabe auf dem Bildschirm oder die Manipulation von Dateien, zur Verfügung stellt. Jeder Programmierer eines Personal Computers wäre überfordert, wenn er alle grundlegenden Routinen selber programmieren müßte.

Das Ziel eines Assemblerprogrammes ist es also, mit Hilfe des Betriebssystems über die CPU Aktionen durchzuführen, mit denen Daten möglichst optimal erfaßt, verarbeitet und ausgegeben werden.

Was unter «optimal» zu verstehen ist, hängt vom jeweiligen Anwendungsfall ab. Dem technischen Programmierer, der eine Meßkarte in den PC einbaut und diese ansteuern muß, ist es oft wichtig, daß diese Ansteuerung extrem schnell, d.h. mit der maximalen Taktrate, die die CPU zuläßt, geschieht. Ein Programmierer, der dagegen die Fähigkeiten des Betriebssystem voll ausschöpfen will, wird in seinen Programmen versuchen, geeignete Systemroutinen zu integrieren. Beiden Anwendungen ist in der Regel gemeinsam, daß sie in einer höheren Programmiersprache unter Einbeziehung von Assemblerroutinen geschrieben sind.

5.1 Elementare Befehle

5.1.1 Datentransport

MOV

Zu den elementaren Befehlen gehören diejenigen, mit denen Daten aus dem
Arbeitsspeicher in die CPU und umgekehrt kopiert werden, die also dem Datentransport dienen.

Von	Nach	mögliche Register	Beispiel
Register	Register	AX, BX, CX, DX, SP, BP, SI, DI	mov ax, cx mov bh, dl
Register	Speicher	AX, BX, CX, DX, SP, BP, SI, DI	mov [1234h], ax mov anna, cl
Speicher	Register	AX, BX, CX, DX, SP, BP, SI, DI	mov ah, [47] mov bh, berta
Datum	Register	AX, BX, CX, DX, SP, BP, SI, DI	mov cx, 15h mov si, 8150
Datum	Speicher	AX, BX, CX, DX, SP, BP, SI, DI	mov anna, 8Fh mov [bl], 15h
Segmentregister	Register	alle	mov ax, es
Register	Segmentregister	alle	mov ds, bx

Tabelle 5-1 Befehl MOV

An erster Stelle ist hierbei der Befehl MOV zu nennen. Mit ihm werden Daten in Register
geschrieben oder von Registern in den Arbeitsspeicher kopiert. Beachten Sie bitte, daß
dabei der Zustand der Quelle unverändert bleibt. Ferner werden bei allen Über-
tragungen mittels MOV die Statusbits des PSW (Processor Status Word) nicht verändert.

Wenn Sie sich die Tabelle 5-1, die die möglichen Anwendungsfälle des MOV-Befehls aufzeigt, genau anschauen, werden Sie feststellen können, daß es keinen Befehl gibt, mit dem die Segmentregister direkt durch ein Datum oder indirekt über eine Speicheradresse gesetzt werden können. Es ist hier immer notwendig, die Adressierung über eines der anderen Register durchzuführen.

Der Vollständigkeit halber habe ich jeweils auch den Stapelzeiger SP aufgeführt. Ich möchte Sie aber warnen, diesen Befehl ohne genaue Kenntnisse des jeweiligen Zustands des Stapels zu verändern, da dies sehr schnell zum Absturz ihres Rechners führen kann.

PUSH und POP

Vielfach ist es notwendig, Registerinhalte zwischenzuspeichern, da für einige Befehle nur ganz bestimmte Register verwendet werden können. Die 80x86-Prozessoren bieten mit dem Befehl PUSH die Möglichkeit, Registerinhalte auf dem Stapel abzulegen und mit POP diese zurückzuholen. Beachten Sie bitte, daß nur der Inhalt eines 16-Bit-Registers zwischengespeichert werden kann.

Der Stapel wird nach dem Prinzip "Last In - First Out" verwaltet, d.h. die Daten, die als letzte auf den Stapel abgelegt wurden, werden als erste wieder von dort abgeholt. In Abschnitt 4.1.5 ist eine detaillierte Beschreibung des Zugriffs auf den Stapel zu finden.

IN und OUT

Mit diesem Befehl werden Daten in einen Ausgabekanal einer zusätzlich in den Rechner eingebauten PC-Karte geschrieben bzw. von einem Eingabekanal gelesen. Auf einer solchen PC-Karte können beispielsweise Analog-Digital- und Digital-Analog-Wandler, aber auch spezielle Schaltungen für Datenübertragungen aufgebaut sein. Auch die Grafikkarte ihres Computers, die das Zwischenstück zwischen dem Rechner und dem Bildschirm darstellt, kann über definierte Ein- bzw. Ausgabekanäle gesteuert werden. Die Tabelle 5-2 gibt einen Überblick über die möglichen Befehlsarten. Der Inhalt des PSW bleibt übrigens bei diesen Befehlen unverändert.

5.1.2 Arithmetische Operationen

Die Prozessoren der 80x86-Familie sind in der Lage die folgenden arithmetischen Operationen durchzuführen:

Von	Nach	Mögliche Register		Beispiel
Peripherie	Register	I/O-Kanal: Register:	DX oder direkt AX, AL	in ax, dx in al, 300h
Register	Peripherie	I/O-Kanal: Register:	DX oder direkt AX, AL	out dx, al out 3Bh, ax

Tabelle 5-2 Befehl IN/OUT

- Addition
- Subtraktion
- Multiplikation
- Division
- Dekrementierung
- Inkrementierung
- Negierung (Zweier-Komplement)
- Boolesche Operationen
-- AND
-- OR
-- NOT
-- XOR

Weitere mathematischen Operationen (z.B. trigonometrische Funktionen) müssen entweder programmiert werden oder können von einem numerischen Koprozessor der 80x87-Familie berechnet und der CPU zur Verfügung gestellt werden.

Addition

Da Sie nur 8- oder 16-Bit-Register bei einem AT-kompatiblen Rechner für ihre Operationen zur Verfügung haben, können die Ergebnisse einer Strichrechnung (Addition, Subtraktion) auch nur maximal 16 Bit lang sein. Das Ergebnis kann entweder vorzeichenlos in einem Bereich von

0 bis 65535 (hexadezimal: FFFF)

oder vorzeichenbehaftet innerhalb des Bereichs von

+32767 bis -32768

liegen.

Multiplikation

Bei der Multiplikation können Ergebnisse bis zu 32 Bit lang sein, wenn zwei 16-Bit-Operanden miteinander verknüpft werden. Das Ergebnis steht in dem Registerpaar DX (höherwertige 16 Bit) und AX (niederwertige 16 Bit).

Division

Der Divisionsbefehl läßt einen 32-Bit-Divisor und einen 16-Bit-Dividenden zu. Das Ergebnis setzt sich zusammen aus dem 16-Bit-Quotienten in AX und der 16 Bit langen ganzzahligen Rest in DX.

Es können nur ganzzahlige Ergebnisse geliefert werden, d.h. Dezimalbrüche wie zum Beispiel 123,1256 können nicht auftreten.

Inkrementierung und Dekrementierung

Als Inkrementierung bezeichnet man die Erhöhung eines Register- oder Speicherinhalts um Eins; die Dekrementierung verringert den Wert um Eins. Es handelt sich also um eine Variation der Additions- bzw. Subtraktionsbefehle. Der Unterschied zu diesen besteht darin, daß die In- bzw. Dekrementierung bis zu zweimal so schnell arbeitet.

Negierung

Unter Negierung wird der Vorzeichenwechsel einer Zahl verstanden. Dabei wird das sogenannte *Zweier-Komplement* nach folgendem Schema gebildet:

1. Invertieren aller Bits einer Dualzahl
2. Addieren von 1 auf das niederwertigste Bit

Das führenden Bit (most significant bit, MSB) wird bei einer Zweier-Komplementzahl (*2K-Zahl*) als Vorzeichen interpretiert:

$$MSB = 0: \text{ positive Zahl}$$
$$MSB = 1: \text{ negative Zahl}$$

```
Beispiel:   95h = 0101 1010 (90 dezimal)
                  1010 0101 ← Komplementierung
            +             1
                  ─────────
                  1010 0110 (-90 dezimal)
```

5.1.3 Boolesche Operationen

Die grundlegenden Operationen der Booleschen Algebra möchte ich nur kurz beschreiben. Anhand der einzelnen Beispiele, wird die Wirkung der Funktionen bei jeweils gleichen Operanden 1001 1010 (=9Ah) und 0101 0110 (=56h) deutlich.

AND

Die logische Verknüpfung AND zweier Dualzahlen bewirkt ein Ergebnis, das nach folgendem Schema zustande kommt:

AND				
A	0	1	0	1
B	0	0	1	1
X	0	0	0	1

```
Beispiel:       1001 1010
            AND 0101 0110
                ─────────
                0001 0010
```

OR

Das Ergebnis einer OR-Verknüpfung ist dann gleich Eins, wenn mindestens eine der beiden Größen gleich Eins ist.

	OR			
A	0	1	0	1
B	0	0	1	1
X	0	1	1	1

```
Beispiel:        1001 1010
            OR   0101 0110
            ─────────────────
                 1101 1110
```

NOT

Bei der Funktion NOT wird der Wert der einzelnen Bits einfach umgedreht. In manchen Büchern findet man für diese Operation auch die Bezeichnung «Komplementierung».

	NOT	
A	0	1
X	1	0

```
Beispiel:        1001 1010
            NOT
            ─────────────────
                 0110 0101
```

XOR

Diese Funktion ist der OR-Funktion nicht unähnlich, setzt im Ergebnis aber nur dann ein Bit, wenn das betreffende Bit der Vergleichszahlen unterschiedlich ist:

	XOR			
A	0	1	0	1
B	0	0	1	1
X	0	1	1	0

```
Beispiel:       1001 1010
            XOR 0101 0110
            ─────────────
                1100 1100
```

5.2 Sprungbefehle

Innerhalb eines Programmes hat der Programmierer nur die Möglichkeit, entsprechend dem Zustand der einzelnen Bits (Flags) des Prozessor-Status-Register (PSW) Verzweigungen vorzusehen. Diese Verzweigungen können nur als bedingte oder unbedingte Sprünge zu einem Label durchgeführt werden. Eine CASE-Abfrage, wie in Pascal, ist auf Prozessorebene nicht vorhanden.

Bit	15	14	13	12	11	10	9	8	7	6	5	4	3	2	1	0
	0	NT	IOPL		O	D	I	T	S	Z	0	A	0	P	I	C

Tabelle 5-3 Flag-Register (8086/8088, 80286)

Da Sie innerhalb eines Programmes keine andere Möglichkeit besitzen, Sprünge ausführen lassen zu können, möchte ich nun die einzelnen Sprungbedingungen erläutern.

5.2.1 Unbedingter Sprung

Ein Sprung, der ohne jegliche Bedingungen, also immer ausgeführt werden soll, nennt man *unbedingt*.

JMP <Label>	**Jump**

```
Beispiel:   ...
            jmp   anna         ; Springe zu Label
            mov   ax, 8FFFh
            mov   bx, 1
anna:       ...
```

In diesem Beispiel werden die MOV-Befehle nicht ausgeführt, da unmittelbar vorher die unbedingte Sprunganweisung zum Bezeichner anna steht.

5.2.2 Bedingter Sprung

Bedingte Sprünge werden auf Grund des Zustandes einzelner Bits im Prozessor-Status-Wort (PSW) ausgeführt. Unter welchen Bedingungen diese Bits gesetzt werden, können Sie in Kapitel 2.3.5 nachlesen.

Carry-Flag

Das Carry-Flag C wird gesetzt, wenn bei einer arithmetischen Operation ein Übertrag aus der höchstwertigen Bitposition heraus erfolgt. Das gesetzte Carry-Flag zeigt zudem nach vielen MS-DOS-Funktionsaufrufen an, daß ein Fehler aufgetreten ist. Der Befehl, mit dem ein bedingter Sprung in Abhängigkeit von einem gesetzten Carry-Flag durchgeführt wird, lautet

JC <Label>	Jump on Carry

```
Beispiel:    mov   ax, 8FFFh    ; Initialisiere AX
             mov   bx, 1        ; und BX
anna:        add   ax, bx       ; AX := AX + BX
             jc    berta
             jmp   anna
berta: ...
```

Dieses Beispielprogramm führt die Addition solange aus, bis das Carry-Flag gesetzt wird. Wenn dies der Fall ist, wird das Programm ab dem Label berta fortgesetzt.

Wenn Sie einen Sprung dann durchführen möchten, wenn das Carry-Flag nicht gesetzt ist, verwenden Sie den Befehl:

JNC <Label>	Jump on not Carry

Somit hätte ich das obige Beispiel mit der gleichen Wirkung auch so programmieren können:

```
Beispiel:    mov   ax, 8FFFh    ; Initialisiere AX
             mov   bx, 1        ; und BX
anna:        add   ax, bx       ; AX := AX + BX
             jnc   anna         ; Wenn C = 0: weiter bei Label
             ...
```

Overflow-Flag

Das Überlaufbit zeigt an, daß der Gültigkeitsbereich der Binärzahlen überschritten wurde. Es wird gebildet durch eine Exklusive-Oder-Verknüpfung des Übertrags von Bit 6 nach Bit 7 beziehungsweise Bit 14 nach Bit 15. Mit den Befehlen

JO <Label>	Jump on Overflow

beziehungsweise

JNO <Label>	Jump on not Overflow

kann auf dieses Ereignis reagiert werden.

Sign-Flag

Das Sign-Flag gibt an, welches Vorzeichen das Ergebnis einer Operation hat:

Ist das Flag gelöscht (0), so ist das Ergebnis positiv, andernfalls ist es negativ (1). Der Inhalt dieses Flags wird durch eine Kopie des höchstwertigen Bits des Ergebnisregisters generiert.

Analog zu den oben beschriebenen bedingten Sprungbefehlen, lauten hier die Befehle zur Sign-Flag-Prüfung:

JS <Label>	Jump on Sign

beziehungsweise

JNS <Label>	Jump on not Sign

Zero-Flag

Ist das Ergebnis einer arithmetischen Operation gleich Null, so wird das Zero-Flag auf Eins gesetzt. Überprüft werden kann dieses Ereignis mit den Befehlen

JZ <Label>	Jump on Zero
JE <Label>	Jump on Equal Zero

oder

JNZ <Label>	Jump on not Zero
JNE <Label>	Jump on not Equal Zero

Für den Programmierer ist es damit leicht, eine Schleife mit abwärts zählendem Schleifenzähler zu erstellen:

```
Beispiel:    mov   ax, 8FFFh    ; Initialisiere AX
anna:        dec   ax          ; AX := AX - 1
             jnz   anna        ; Wenn AX <> 0: weiter bei Label
             ...
```

Parity-Flag

Das Paritätsflag P wird auf 1 gesetzt, wenn bei einer Operation die Anzahl der auf 1 gesetzten Bit des niederwertigsten Byte gerade ist. Man spricht dabei auch von der sogenannten *geraden* Parität.

$$1001\ 1010 \quad \rightarrow \quad P = 1$$
$$1101\ 0110 \quad \rightarrow \quad P = 0$$

Insbesondere bei seriellen Datenübertragungen (RS232C, V.24, etc.) wird die Parität des übertragenen Bytes für die Fehlererkennung ausgenutzt. Vergleichen Sie hierzu auch den DOS-Befehl MODE in Ihrem Betriebssystemhandbuch.

Die mnemonischen Befehle zur Prüfung des P-Flags lauten:

JP <Label>	Jump on Parity
JPE <Label>	Jump on Parity even
JPO <Label>	Jump on Parity odd

Die Befehle JCXZ und LOOP

Diese beiden Befehle unterscheiden sich von den übrigen bedingten Sprüngen. Die Programmverzweigung wird nicht in direkter Abhängigkeit vom Zustand des PSW ausgeführt, sondern hängt vom Inhalt des CX-Registers ab.

Die Wirkung des Befehls

JCXZ <Label>	Jump if CX-register Zero

wird sicherlich aus dem Namen ersichtlich. Der Sprung wird dann ausgeführt, wenn das CX-Register gleich Null wird.

LOOP <Label>	Jump if CX-register not Zero

Hinter dem Befehl LOOP verbergen sich mehrere Aktionen:

Durch diese Anweisung wird der Inhalt des CX-Registers um Eins vermindert. Ist anschließend CX ungleich Null, wird zum angegebenen Label verzweigt; anderenfalls wird mit dem nächsten Befehl fortgefahren.

```
Beispiel:   mov  ax, 8FFFh    ; Initialisiere AX
            mov  bx, 1        ; und BX
anna:       ...
            loop anna         ; 1.: CX := CX - 1
                              ; 2.: Wenn CX <> 0: weiter bei Label
            ...               ; sonst: hier weitermachen
```

Voraussetzungen für bedingte Sprünge

Leider werden bei vielen Aktionen, nicht unbedingt die gewünschten Flags verändert, die man für einen bedingten Sprungbefehl benötigt. Wenn zum Beispiel die Ausführung einer DOS-Funktion fehlerhaft beendet wurde, kann dies über das gesetzte Carry-Flag nach dem Funktionsaufruf abgefragt werden. Hierzu verwendet man sinnvollerweise:

```
jc Fehler                     ; Carry gesetzt: Weiter mit Fehlerbehandlung
```

Die Information, welcher Fehler aufgetreten ist, steckt im Fehlercode, der im AL-Register zu finden ist. Möchte man nun entsprechende Fehlermeldungen ausgeben, ist es notwendig, den AL-Inhalt genau zu analysieren. Eine Technik für diese Analyse ist zum Beispiel die Form einer Sprungleiste. Dabei wird der zu überprüfende Register- oder Speicherinhalt sukzessive mit den erwarteten Inhalten verglichen.

```
; Fehlermeldungen:
FEHLER_0        db      'Diskette/Festplatte ist voll', 7, CR, LF, EDB
FEHLER_3        db      'Pfad nicht gefunden', 7, CR, LF, EDB
FEHLER_4        db      'Zu viele Dateien offen', 7, CR, LF, EDB
FEHLER_5        db      'Zugriff verweigert', 7, CR, LF, EDB
FEHLER_6        db      'Ungültiges Handle', 7, CR, LF, EDB
FEHLER_80       db      'Datei existiert bereits', 7, CR, LF, EDB
FEHLER_XX       db      'Unbekannter Fehler', 7, CR, LF, EDB

; Fehlerbehandlung:

FEHLER:         cmp     ax, 3                   ; Fehler-Nr. 3
                jne     F_01                    ; nein: Weiter bei Label

                mov     dx, OFFSET FEHLER_3     ; DX := Anfangsadresse Text
                jmp     F_AUS                   ; weiter bei Label

F_01:           cmp     ax, 4                   ; Fehler-Nr. 4
                jne     F_02

                mov     dx, OFFSET FEHLER_4
                jmp     F_AUS

F_02:           cmp     ax, 5                   ; Fehler-Nr. 5
                jne     F_03

                mov     dx, OFFSET FEHLER_5
                jmp     F_AUS

F_03:           cmp     ax, 6                   ; Fehler-Nr. 6
                jne     F_04

                mov     dx, OFFSET FEHLER_6
                jmp     F_AUS

F_04:           cmp     ax, 80                  ; Fehler-Nr. 80
                jne     F_05

                mov     dx, OFFSET FEHLER_80
                jmp     F_AUS

F_05:           mov     dx, OFFSET FEHLER_XX

F_AUS:          mov     ah, BILDAUS
                int     DOSINT
```

Der Vergleich wird durchgeführt mit der Anweisung

CMP <Wert>	**Compare**

Damit wird der Zustand der folgenden Flags verändert:

Auxiliary
Carry
Overflow
Parity
Sign
Zero

Der Prozessor führt den Vergleich durch eine Subtraktion des Vergleichsmusters vom Inhalt des Registers bzw. Speicherplatzes durch, ohne jedoch den Register- bzw. Speicherinhalt zu verändern.

Sie haben also nach einem CMP-Befehl fast alle Möglichkeiten, bedingt im Programm zu verzweigen. Im obigen Programmausschnitt habe ich sinnigerweise nach dem Vergleich eine Verzweigung bei Ungleichheit (jne - jump on not equal) eingefügt.

5.3 Unterprogramme, Bibliotheken und Makros

Wie ich bereits an anderer Stelle erwähnt habe, läßt sich alles, das auf PC-Basis mehr als einmal benötigt wird, in den meisten Fällen vereinfacht programmieren. In der Praxis entstehen auf diese Weise beispielsweise auf DOS-Ebene die Batch-Dateien.

Die Strukturierung eines Programmes ist unabhängig von der verwendeten Programmiersprache ein wesentliches Hilfsmittel, das Programm übersichtlich und wartbar zu gestalten. Das wesentliche Hilfsmittel stellt die Einführung von Unterprogrammen dar.

Wenn es darum geht, in Turbo-Pascal einzelne Routinen wiederholt aufrufbar zu machen, so werden derartige Routinen als PROCEDURE oder FUNCTION deklariert. Diese lassen sich dann beliebig oft aufrufen oder in compilierter Form als TPU-Datei (TPU = Turbo-Pascal-Unit) in neue Programme einbinden. Natürlich haben Sie auf Assemblerebene die gleichen Möglichkeiten. Da Sie sich aber auf der niedrigsten Ebene ihres Computers bewegen, ist es wichtig zu wissen, wie sich der Prozessor bei einem Unterprogrammaufruf verhält. Doch keine Angst: Sie werden Schritt für Schritt an die Problematik herangeführt.

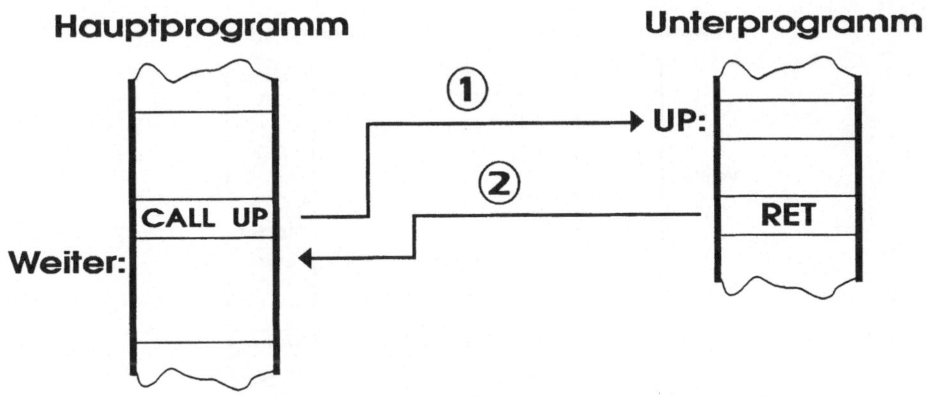

Bild 5-1 Aufruf eines Unterprogrammes

5.3.1 Aufruf von Unterprogrammen

Unterprogramme und Funktionen, die auf Assemblerebene geschrieben werden, werden immer mit der Syntax

```
call <Prozedurname>
```

aufgerufen. Das Programm verzweigt daraufhin zu diesem Unterprogramm, die Befehle werden abgearbeitet bis zur Rücksprunganweisung RET. Anschließend wird das Programm mit dem der CALL-Anweisung folgenden Befehl fortgesetzt, wie Sie in Bild 5-1 erkennen können.

Was geschieht bei diesem Vorgang aber im Einzelnen? Wenn sich der als nächster auszuführende Befehl in der CPU befindet, zeigt der Befehlszähler bereits auf den folgenden Befehl. Im Falle eines Unterprogrammaufrufs zeigt somit das IP-Register auf die Stelle, an der nach der Ausführung des Unterprogrammes im Hauptprogramm fortgefahren wird.

Diese Rücksprungadresse wird als Erstes auf dem Stapel gesichert. Sie ist bei Prozeduren, die sich innerhalb des gleichen Codesegments befinden zwei Byte lang; man spricht hierbei von NEAR-kodierten Prozeduren. Unterprogramme, die sich in einem anderen Codesegment befinden, benötigen neben den Abstand vom Segmentbeginn die Adresse des Segments im Arbeitsspeicher. Insgesamt werden also vier Byte für das Sichern der Rücksprungadresse benötigt; solche Prozeduren werden FAR-kodiert.

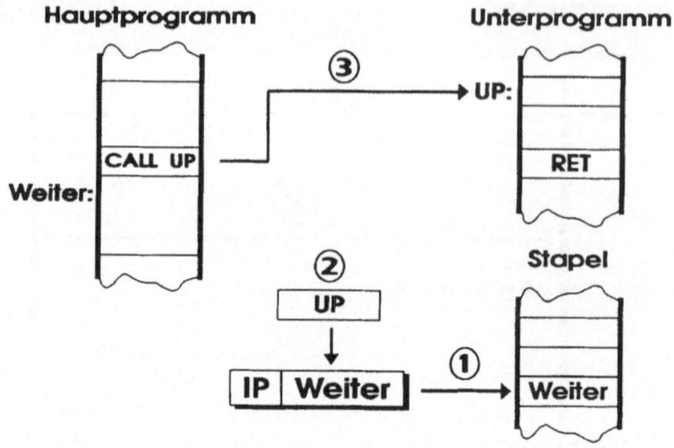

Bild 5-2 Aufruf eines Unterprogrammes

Im Anschluß daran wird das IP-Register mit der Adresse des Unterprogrammes geladen und das Programm an dieser Stelle fortgesetzt. Die nächste RET-Anweisung, auf die der Prozessor trifft, bewirkt, daß der Wert, auf den der Stapelzeiger zeigt, in das IP-Register übertragen wird. Nun wird das Programm an der Stelle nach dem CALL fortgesetzt.

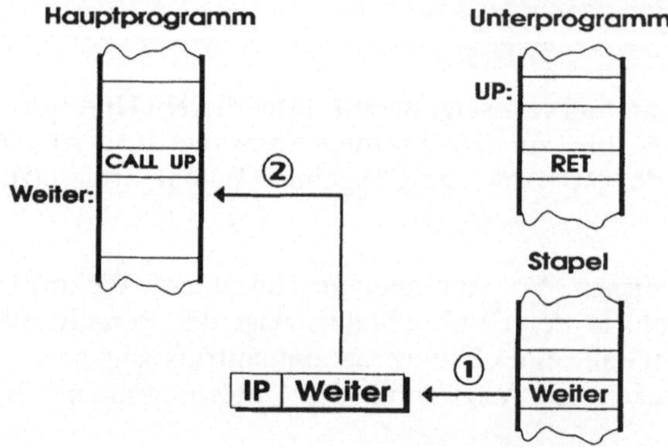

Bild 5-3 Rücksprung aus einem Unterprogramm

Wenn Sie sich Bild 5-2 und Bild 5-3 anschauen, werden Sie feststellen, daß die ordnungsgemäße Funktion eines Unterprogrammaufrufs davon abhängt, daß die Rücksprungadresse auf dem Stapel unverändert vorzufinden ist. Dieser Punkt gewinnt umso mehr an Bedeutung, als daß der Programmierer selbst darauf achten muß, Registerinhalte vor einer Veränderung im Unterprogramm auf dem Stapel zu sichern, wenn diese für das Hauptprogramm erhalten bleiben müssen. Innerhalb eines Unterprogrammes gilt auf alle Fälle

---

Anzahl der PUSH-Befehle = Anzahl der POP-Befehle

Das folgende Beispielprogramm 5-1 zeigt auf, wie Unterprogramme mit dem Hauptprogramm in der gleichen Quelldatei programmiert werden:

```
;************************************************
;*                                             *
;* Beispielprogramm 5-1: Interne Unterprogramme *
;*                                             *
;************************************************

; TASM-Festlegungen:

                IDEAL                   ; TASM-Ideal-Modus
                MODEL TINY              ; Kleinste Programmart: COM

; Gleichsetzungen:

BILDAUS         equ     9               ; Fkt.: Bildschirmausgabe
DOSFUNK         equ     21h             ; MS-DOS Interrupt-Nummer
ENDE            equ     4Ch             ; Fkt.: Programm beenden
ClearBuffer     equ     0Ch             ; Fkt.: Puffer löschen
DirectConsoleIN equ     07h             ; Fkt.: Standard-Input
                                        ;       wait:  +
                                        ;       echo:  -
                                        ;       break: -

CR              equ     13              ; <Carriage-Return>
LF              equ     10              ; <Line-Feed>
EDB             equ     "$"             ; Zeichen für
                                        ; "Ende der Botschaft"


;================================================================

; Anfang des Codesegments:

                CODESEG                 ; Beginn des Codesegments

                ORG 100h                ; Anfang für COM-Datei
ANFANG:         JMP Start
```

```
;====================================================================
; Datenbereich:

STRING          db    27,"[2J$"            ; ANSI-ESC-Sequenz: Bildschirm
                                           ; löschen

                ; Ausgabetexte:
TEXT1           db    'Noch ist der Bildschirm nicht gelöscht.'
                db    CR, LF, EDB
TEXT2           db    'Jetzt ist der Bildschirm sauber.'
                db    CR, LF, EDB
TEXT3           db    'Bitte eine beliebige Taste drücken...'
                db    CR, LF, EDB

;====================================================================

; Unterprogramm:     ClearScreen
;
; Wirkung:           Löschen des Bildschirms

PROC            ClearScreen NEAR

                mov   dx, offset STRING    ; DX: Adresse der ESC-Sequenz
                mov   ah, BILDAUS
                int   DOSFUNK
                ret                         ; zurück ins Hauptprogramm

ENDP            ClearScreen

;====================================================================

; Unterprogramm:     Wait4Key
;
; Wirkung:           Warten auf beliebigen Tastendruck

PROC            Wait4Key NEAR

                mov   ah, ClearBuffer     ; AH: DOS-Funktion
                mov   al, DirectConsoleIN ; AL: Unterfunktion
                int   DOSFUNK

                xor   ah, ah               ; AH löschen
                ret                         ; zurück ins Hauptprogramm

ENDP            Wait4Key

;====================================================================

; Hauptprogramm:

Start:          mov   dx, OFFSET TEXT1     ; Text 1 ausgeben
                mov   ah, BILDAUS
                int   DOSFUNK

                mov   dx, OFFSET TEXT3     ; Text 3 ausgeben
                mov   ah, BILDAUS
                int   DOSFUNK

                call Wait4Key              ; Unterprogramm aufrufen

                call ClearScreen
```

```
        mov   dx, OFFSET TEXT2      ; Text 2 ausgeben
        mov   ah, BILDAUS
        int   DOSFUNK

        mov   dx, OFFSET TEXT3      ; Text 3 ausgeben
        mov   ah, BILDAUS
        int   DOSFUNK

        call  Wait4Key             ; Unterprogramm aufrufen

        xor   al,al                ; Errorlevel := 0
        mov   ah, ENDE
        int   DOSFUNK

        end   ANFANG
```

Deklaration eines Unterprogrammes

Falls sich ein Unterprogramm nicht im gleichen Codesegment befindet, kann es nur mit einer FAR-Deklaration aufgerufen werden:

```
PROC <Name> FAR
```

Sinnvollerweise werden beim Aufruf einer FAR-Prozedur die Inhalte des CS- und des IP-Registers auf dem Stapel abgelegt, bevor das Unterprogramm ausgeführt wird. Durch den RETF-Befehl wird dafür gesorgt, daß auch beide Werte wieder von Stapel zurückgelesen werden. Um eine «nahe» Prozedur in eine «ferne» umzuwandeln, brauchen Sie nur den entsprechenden Zusatz der PROC-Zeile zu ändern:

```
PROC <Name> NEAR
```

Der Turbo Assembler bietet den Komfort, daß er in Abhängigkeit von der Prozedur-Deklaration automatisch die richtige Rücksprunganweisung erzeugt, wenn er auf ein RET trifft. Wenn Sie sich nicht sicher sind, wo sich ihr Unterprogramm zum Zeitpunkt des Aufrufs befindet, können Sie entweder den Zusatz NEAR bzw. FAR ganz weglassen, oder Sie deklarieren den Programmteil immer als FAR. Im ersten Fall sorgt TASM für den richtigen Aufruf entsprechend der Programmgröße, was aber bei Verwendung von externen Unterprogrammen mit Vorsicht zu genießen ist. Die zweite Methode funktioniert hingegen immer, auch wenn durch die zusätzliche Speicherung des CS-Registers unter Umständen Zeit vergeudet wird.

Auf einen Fehler, der beim Einsatz von Unterprogrammen häufig auftritt, möchte ich Sie besonders aufmerksam machen: Da der Befehl RET bzw. RETF unweigerlich dazu führt, daß der Wert, auf den der Stapelzeiger SP zeigt, in das IP-Register übertragen wird, ist eine Kontrolle der PUSH- und POP-Befehle im Unterprogramm unbedingt notwendig. Sobald Sie einen der beiden Befehle auch nur einmal zu oft oder zu wenig ausgeführt haben, wird sich ihr Computer ins Nirwana verabschieden. Denselben unerwünschten Effekt erreichen Sie auch, wenn Sie «unsaubere» Manipulationen am Stapelsegmentregister SS oder am Stapelzeiger SP vornehmen. Es gilt also:

> Anzahl der PUSH-Befehle = Anzahl der POP-Befehle
> und
> Vorsicht mit dem Registerpaar SS:SP

Versorgung mit Parametern

Es gibt viele Anwendungsfälle, bei denen einem Unterprogramm verschiedene Parameter übergeben werden müssen. Auf Assemblerebene stehen Ihnen hierfür drei verschiedene Wege zur Verfügung:

Speicherplatz
Register
Stapel

Die erste Methode setzt voraus, daß Sie beispielsweise im Datensegment genügend Raum für den Datenaustausch reservieren. Dieser Speicherbereich steht dem übrigen Programm in der Regel nicht mehr uneingeschränkt zur Verfügung. Nachteilig bei dieser Parameterübergabe ist, daß Sie bei einer Änderung der Programmschnittstelle sowohl das Haupt- und das Unterprogramm, als auch das Datensegment verändern müssen.

Der zweite Weg über einzelne Register ist der schnellste Weg, um Unterprogramme mit Daten zu versorgen, da keinerlei Zugriff auf ein Datensegment notwendig ist. Natürlich ist die Auswahl der Register sehr sorgfältig durchzuführen, damit beispielsweise für MS-DOS-Funktionsaufrufe notwendige Register nicht blockiert werden. Ferner ist zu bedenken, daß pro Register nur ein oder zwei Byte übergeben werden können.

Die Nachteile der ersten beiden Methoden werden durch die dritte aus dem Weg geräumt: Denn der Stapel muß erstens in jedem Programm vorhanden sein und ist immer über SS:SP beziehungsweise SS:BP erreichbar. Ferner können dort nahezu beliebig viele Daten abgelegt werden. Zum Zeitpunkt des Prozeduraufrufs sind zudem alle Register frei und können, sofern ihr Inhalt nicht für das Hauptprogramm gerettet werden muß, beliebig eingesetzt werden. Als letzter Vorteil ist zu erwähnen, daß ein Unterprogramm mit einer solchen Schnittstelle in jedem Programm eingesetzt werden kann. Das ist unter anderem bei Prozeduren, die als INCLUDE-Dateien oder als externe Programmodule eingebunden werden sollen, wichtig.

Die ersten zwei Wege der Unterprogrammversorgung sind sicherlich so einleuchtend, daß ich an dieser Stelle auf eine nähere Erläuterung verzichten kann. Eigenen Versuchen sollte dennoch nichts im Wege stehen. Ich möchte vielmehr den Weg über den Stapel näher beschreiben, zumal er bei der Einbindung von Assemblermodulen in höhere Programmiersprachen von großer Bedeutung ist.

Bevor eine Prozedur programmiert wird, muß festgelegt werden, welche Parameter die Routine verarbeiten soll und in welcher Reihenfolge diese wo zu finden sind. Wenn dies geschehen ist, kann mit dem Programmieren begonnen werden, in dem vor dem eigentlichen Aufruf des Unterprogrammes alle Parameter über ein oder mehrere beliebige Register auf dem Stapel abgelegt werden.

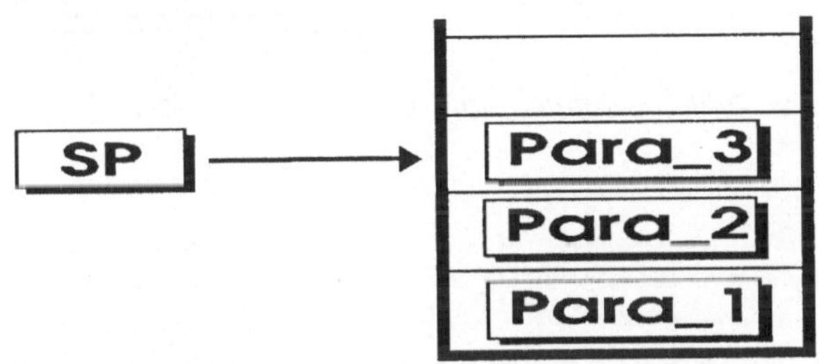

Bild 5-4 Stapel vor Unterprogrammaufruf

```
Beispiel:    ...
             ; Parameter auf den Stapel kopieren
             mov  bx, Para_1
             mov  cx, Para_2
             mov  dx, Para_3
             push bx
             push cx
             push dx

             call UP  ; Unterprogramm aufrufen
             Weiter:    ...
```

Das Unterprogramm muß nun in der Lage sein, auf diese Parameter zuzugreifen. Dies erreicht man auf zwei möglichen Wegen: «Zu Fuß» oder mit Unterstützung moderner Assemblierer. Ich beschreibe zunächst den ersteren, mühsameren Weg, damit Sie in der Lage sind, die Vorgänge nachvollziehen zu können. Bevor die CPU den ersten Befehl des Unterprogrammes bearbeitet, wird nach den Parametern die Rücksprungadresse auf dem Stapel gesichert. Auf diese Adresse zeigt nun der Stapelzeiger SP. Für den Zugriff auf den *zuletzt* gespeicherten Parameter muß zu seinem Inhalt bei «nahen» Unterprogrammen eine 2, bei «fernen» eine 4 addiert werden. Da der Wert des SP-Registers aber bei jedem PUSH bzw. POP verändert wird, ist es sinnvoll, das BP-Register, das ebenfalls in Verbindung mit dem Stapelsegmentregister arbeitet, für die Adressierung der Werte auf dem Stapel einzusetzen. Sein Inhalt wird aber häufig auch im Hauptprogramm benötigt, so daß dieser standardmäßig gesichert werden sollte. Sie erreichen dies durch die Zeilen

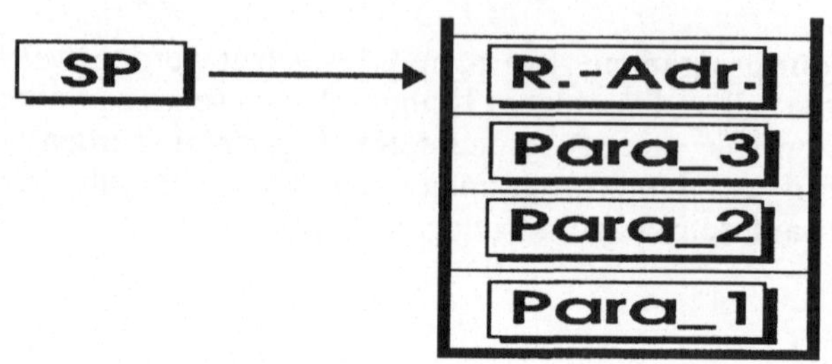

Bild 5-5 Stapel nach Unterprogrammaufruf

```
push bp                          ; Sichern des BP-Registers
mov  bp, sp                      ; BP := SP
```

wodurch allerdings der erste Parameter um weitere zwei Byte verschoben wird. Er kann nun mittels der Anweisung

```
@@Para_3  equ  [BP + 4]          ; letzter Parameter bei NEAR-Prozeduren
```

oder

```
@@Para_3  equ  [BP + 6]          ; letzter Parameter bei FAR-Prozeduren
```

über den Bezeichner @@Para_3 angesprochen werden. In gleicher Weise kann auf die weiteren Parameter zugegeriffen werden:

```
; Beispiel bei NEAR-Prozedur
@@Para_2  equ  [BP + 8]          ; Größe von @@Para_3: 2 Byte
@@Para_1  equ  [BP + 10]         ; Größe von @@Para_2: 2 Byte
```

Nun können die Parameter mit den bekannten Befehlen innerhalb des Unterprogrammes wahlfrei in einzelne Register geladen werden:

```
push bp                          ; BP-Register sichern
mov  bp, sp                      ; BP := SP
...
mov  ax, @@Para_2                ; AX := zweiter Parameter
mov  bx, @@Para_1                ; BX := erster Parameter
mov  cx, @@Para_3                ; CX := dritter Parameter
```

Alternativ zur expliziten Deklaration der einzelnen Parameter durch EQU-Zeilen können Sie beim TASM- und dem MASM-Assemblierer auch die wesentlich einfachere Anweisung

```
ARG <Parameter:Typ> [,<Parameter:Typ>] [= <Größenvariable>]
```

verwenden. Der Assemblierer bildet dabei automatisch die notwendigen Referenzen relativ zum BP-Register, unter der Annahme, daß dieses Register auf dem Stapel gesichert wurde. Somit könnte die Deklaration eines Unterprogrammes folgendes Aussehen haben:

```
UP  PROC NEAR
ARG @@Para_1:WORD, @@Para_2:WORD, @@Para_3:WORD = AnzahlParaByte

push bp
mov  bp, sp

...

pop  bp
ret  AnzahlParaByte
```

Die Reihenfolge der Parameter ist abhängig vom aufrufenden Programm, oder genauer von der aufrufenden Programmiersprache. In Maschinensprache dürfte klar sein, daß die Parameter in der Ordnung, in der sie auf dem Stapel abgelegt wurden, in der ARG-Anweisung aufgelistet werden. Für den Einsatz in Verbindung mit einer Hochsprache sind deren Festlegungen maßgebend. Bei einem Aufruf einer Assemblerroutine von C aus (in der Standard-Einstellung) wird ebenfalls die gleiche Reihenfolge der Übergabewerte programmiert. Arbeiten Sie mit Pascal oder wählen Sie in C für den Aufruf einer Assemblerroutine die Pascal-Konvention, so werden die Werte in der umgekehrten Reihenfolge übergeben. Eine detailliertere Darstellung der Einbindung vom Maschinenprogrammen in Hochsprachen finden Sie im Kapitel 6.

In der Variablen AnzahlParaByte ist die Gesamtzahl der Bytes der Parameter gespeichert. Die Bedeutung dieser Variablen bei der Bereinigung des Stapels und der Entsorgung des Unterprogrammes wird im nächsten Abschnitt beschrieben.

Entsorgung des Unterprogrammes

Wenn Sie ein Unterprogramm mit Parametern, die über den Stapel übergeben wurden, wieder verlassen, müssen Sie darauf achten, daß diese Parameter *vor dem Rücksprung* wieder vollständig vom Stapel beseitigt werden. Die Anweisung RET erwartet nämlich die Rücksprungadresse an der Position, auf die der Stapelzeiger zeigt. Es wäre aber sicher müßig, die einzelnen Parameter mittels mehrerer POP-Befehle vom Stapel zu entfernen. Als Lösung bietet sich an, den Rücksprungbefehl mit einem Parameter zu versehen:

```
RET  <Bytezahl>
```

Hierdurch werden genau die angegebene Zahl von Byte auf dem Stapel durch eine
Korrektur des Stapelzeigers beseitigt, bevor die Rücksprungadresse ausgelesen wird.
Wenn Sie die oben erläuterte Assemblereranweisung ARG und die zugehörige Größenvariable verwenden, brauchen Sie also die einzelnen Parameterbytes weder zu zählen,
noch zu kennen. TASM bietet in Verbindung mit der ARG-Anweisung noch mehr
Komfort: Sie können die Zahl der Parameter, die mit dem RET-Befehl vom Stapel geholt
werden sollen, vollständig entfallen lassen. Der entsprechende Wert wird dann
automatisch eingefügt. Diese Methode ist besonders bei Assemblermodulen in Turbo-
Pascal-Programmen vorteilhaft einzusetzen.

Möchten Sie, daß das Unterprogramm als Funktion Werte an das aufrufende Programm
zurückliefert, können Sie hierfür prinzipiell entweder Register, den Stapel oder
Speicheradressen verwenden. Zusätzlich können unter Verwendung des PSW einzelne
Flags für die Kennzeichnung eines aufgetretenen Fehlers eingesetzt werden. Obwohl Sie
als Maschinenprogrammierer alle Freiheiten haben, empfehle ich Ihnen, sich bei der
Festlegung der Ergebnisrückgabe möglichst an die Konvention der von Ihnen eingesetzten höheren Programmiersprache zu halten. Der Vorteil liegt auf der Hand: Wenn
Sie feststellen, daß Sie eine Assemblerfunktion zum Beispiel auch in einem C-Programm
einsetzen könnten, brauchen Sie diese nur einfach einzubinden ohne irgendwelche
Änderungen vornehmen zu müssen. Die Beschreibung dieser Softwareschnittstelle
finden Sie in jeweiligen Hochsprachen-Handbuch.

Im Bereich der Assemblerprogrammierung ermöglicht Ihnen der Einsatz des Befehls ARG
die Deklaration von Funktionen auf eine einfache und elegante Weise:

```
ARG <Parameter:Typ> [,<Parameter:Typ>] [= <Größenvariable>] \
    [RETURNS <Ergebnis>:<Typ>]
```

Die Größenvariable beinhaltet die Anzahl der Parameterbytes und kann der RET-
Anweisung hinzugefügt werden. Durch den Zusatz RETURNS eingeleitet legen Sie fest,
welchen Ergebnistyp die Funktion besitzen soll. Bezugnehmend auf das Label Ergebnis
wird das Ergebnis auf dem Stapel abgelegt. Von dort kann es nach der Rückkehr zum
Hauptprogramm durch ein einfaches POP abgeholt werden. Das Zeichen '\' am Ende der
Zeile informiert den TASM, daß der Befehl in der nächsten Zeile fortgesetzt wird.

```
;**************************************************
;*                                              *
;* Beispielprogramm 5-2: Interne Funktion       *
;*                                              *
;**************************************************

; TASM-Festlegungen:

                IDEAL                   ; TASM-Ideal-Modus
                MODEL TINY              ; Kleinste Programmart: COM

; Gleichsetzungen:

BILDAUS         =       9               ; Fkt.: Bildschirmausgabe
CONSOLE_IO      =       6               ; Console Input/Output
```

```
DOSFUNK           =       21h            ; MS-DOS Interrupt-Nummer
ENDE              =       4Ch            ; Fkt.: Programm beenden

BIOS_Segment      =       40h            ; An 40h:13h ist im BIOS
BIOS_Ramsize      =       13h            ; vermerkt, wie groß der
                                         ; Arbeitsspeicher ist.

CR                =       13             ; <Carriage-Return>
LF                =       10             ; <Line-Feed>
EDB               =       "$"            ; Zeichen für
                                         ; "Ende der Botschaft"

;==================================================================

; Anfang des Codesegments:

                  CODESEG                ; Beginn des Codesegments

                  ORG  100h              ; Anfang für COM-Datei
ANFANG:           JMP  Start

;==================================================================

; Datenbereich:

Hauptspeicher     db    'Hauptspeicher: ', EDB

DezimalZiffern    =     5
RamGroesse        db    DezimalZiffern dup (' ')

KiloByte          db    ' KByte', CR, LF, EDB

;==================================================================

; Unterprogramm:     DEC_OUT
;
; Wirkung:           Umwandlung einer Dualzahl in eine Dezimalzahl
;
; Versorgung:        Binärzahl auf dem Stapel
;
; Entsorgung:        Dezimalzahl wird in reservierten Datenbereich
;                    eingetragen
;

PROC          DEC_OUT NEAR

              ARG BinZahl:WORD = DEC_OUT_Param

              push bp                    ; BP vorbereiten
              mov  bp, sp

              push di                    ; Register retten
              push ax
              push cx
              push dx
              push es


              mov  dx, ds                ; Bereich, in den das Ergebnis
              mov  es, dx                ; geschrieben werden soll,
                                         ; löschen
```

```
                   lea   di, [RamGroesse]
                   mov   cx, DezimalZiffern
                   mov   al, '0'
                   rep   stosb
                   pop   es

                   mov   cx, 10              ; Divisor = 10 (dezimal)
                   mov   ax, [BinZahl]       ; Binärzahl nach AX holen

@@1:               xor   dx, dx              ; 32-Bit-Division:
                   div   cx                  ;   DX:AX div CX = AX Rest DX

                   or    dl, 30h             ; Konvertierung Dual -> ASCII
                   dec   di
                   mov   [di], dl            ; Rest speichern

                   or    ax, ax              ; Quotient = 0?
                   jnz   @@1                 ; nein: nochmal dividieren

                   pop   dx                  ; Register wiederherstellen
                   pop   cx
                   pop   ax
                   pop   di

                   pop   bp                  ; BP wiederherstellen

                   ret   DEC_OUT_Param       ; Parameter vom Stapel und
                                             ; zurück

ENDP               DEC_OUT

;===================================================================

; Funktion:        BIOS_Info
;
; Wirkung:         Liest Information aus dem BIOS aus
;
; Versorgung:      Parameter auf dem Stapel: 1. Segment
;                                            2. Offset
; Entsorgung:      Information als WORD auf dem Stapel
;

PROC               BIOS_Info NEAR

                   ARG BIOS_Ofs:WORD, BIOS_Seg:WORD = BIOS_Info_Param \
                       RETURNS Info:WORD

                   push bp                   ; BP sichern
                   mov  bp, sp

                   push ax                   ; Register retten
                   push es
                   push si

                   mov  ax, [BIOS_Seg]       ; ES := Segmentadresse
                   mov  es, ax

                   mov  ax, [BIOS_Ofs]       ; SI := Offset
                   mov  si, ax

                   mov  ax, [es:si]
```

```
                mov    [Info], ax

                pop    si                    ; Register wiederherstellen
                pop    es
                pop    ax
                pop    bp                    ; BP zurückholen

                ret    BIOS_Info_Param       ; Parameter vom Stack und zurück

ENDP            BIOS_Info

;==================================================================

; Hauptprogramm:

Start:          mov    dx, OFFSET Hauptspeicher
                mov    ah, BILDAUS
                int    DOSFUNK

                mov    ax, BIOS_Segment      ; Segmentadresse auf Stapel
                push   ax
                mov    ax, BIOS_Ramsize      ; Offset auf Stapel
                push   ax
                call   BIOS_Info

                call   DEC_OUT               ; Ergebnis dezimal ausgeben

                lea    dx, [RamGroesse]
                mov    ah, BILDAUS
                int    DOSFUNK

                xor    al,al                 ; Errorlevel := 0
                mov    ah, ENDE
                int    DOSFUNK

                end    ANFANG
```

Die Funktion BIOS_Info liest im Programm 5-2 eine Speicheradresse aus, deren Segmentadresse und deren Offset auf dem Stapel als zwei Wörter abgelegt sind. Das Ergebnis ist ebenfalls ein Wort und wird unter Bezug auf das Label Info auf den Stapel gelegt. Nach dem Ende dieser Funktion wird die Routine DEC_OUT aufgerufen, die eine 16-Bit-Dualzahl vom Stapel holt und diese in eine Dezimalzahl in ASCII-Darstellung konvertiert. Die Dezimalzahl wird im Datensegment für eine dezimale Ausgabe gespeichert, die anschließend im Hauptprogramm ausgeführt wird.

Da in beiden Unterprogrammen eine Reihe von Registern benötigt werden, werden diese zu Anfang auf dem Stapel gesichert und am Ende wieder vom Stapel geholt. Für das aufrufende Programm hat sich daher nichts an den Registerinhalten geändert. Der Vorteil einer solchen Programmierung liegt auf der Hand: Das Unterprogramm kann praktisch jederzeit aufgerufen werden, ohne das eine besondere Sicherung einzelner Register notwendig wäre. Auch wenn bei kleinen Programmen, wie dem Beispielprogramm 5-2, hierdurch eher ein Nachteil entsteht, bedenken Sie, daß Sie beim Entwurf einer Prozedur fast nie voraussagen können, an welcher Stelle diese einsetzbar wäre. Die Verwendung von früher programmierten Unterprogrammen in Programmen, die neu erstellt werden, erleichtert die Arbeit wesentlich. Es muß ja nicht jedesmal das Rad neu erfunden werden.

Externe Unterprogramme

Möchten Sie in ihre Programme immer wieder die gleichen Prozeduren einbinden, so empfiehlt es sich, diese getrennt von eigentlichen Hauptprogramm zu programmieren und einmal zu übersetzen. Auf diese Weise können Sie sich eine eigene Sammlung maßgeschneiderter und wiederverwendbarer Unterprogramme erstellen. Der Quellcode für diese Unterprogramme hat dann beispielsweise die folgende Struktur:

```
;************************************************
;*                                              *
;* Beispielprogramm 5-3: Externe Unterprogramme *
;*                                              *
;*         Deklaration der Prozeduren           *
;*                                              *
;************************************************

; TASM-Festlegungen:

                IDEAL                   ; TASM-Ideal-Modus
                MODEL TINY              ; Kleinste Programmart: COM

                LOCALS @@               ; Label mit diesem Anfang
                                        ; gelten nur innerhalb der
                                        ; der Prozeduren, um Konflikte
                                        ; mit Bezeichnern in externen
                                        ; Programmteilen zu vermeiden.

; Gleichsetzungen:

BILDAUS         equ     9               ; Fkt.: Bildschirmausgabe
DOSFUNK         equ     21h             ; MS-DOS Interrupt-Nummer
ClearBuffer     equ     0Ch             ; Fkt.: Puffer löschen
DirectConsoleIN equ     07h             ; Fkt.: Standard-Input
                                        ;       wait:  +
                                        ;       echo:  -
                                        ;       break: -


;===============================================================

; Anfang des Codesegments:

                CODESEG                 ; Beginn des Codesegments


;===============================================================

; Unterprogramm:     ClearScreen
;
; Wirkung:           Löschen des Bildschirms

                PUBLIC  ClearScreen
```

```
PROC            ClearScreen NEAR

                jmp  @@1                  ; Datendeklaration überspringen

STRING          db   27,"[2J$"            ; ANSI-ESC-Sequenz: Bildschirm
                                          ; löschen

@@1:            mov  dx, offset STRING    ; DX: Adresse der ESC-Sequenz
                mov  ah, BILDAUS
                int  DOSFUNK
                ret                       ; zurück ins Hauptprogramm

ENDP            ClearScreen

;===================================================================

; Unterprogramm:    Wait4Key
;
; Wirkung:          Warten auf beliebigen Tastendruck

                PUBLIC  Wait4Key

PROC            Wait4Key NEAR

                mov  ah, ClearBuffer      ; AH: DOS-Funktion
                mov  al, DirectConsoleIN  ; AL: Unterfunktion
                int  DOSFUNK

                xor  ah, ah               ; AII löschen
                ret                       ; zurück ins Hauptprogramm

ENDP            Wait4Key

;===================================================================

                END
```

Sie können erkennen, daß ausschließlich Prozeduren aufgeführt sind, die durch den Befehl RET beendet werden; Sie möchten ja schließlich wieder zurück zum Hauptprogramm. Durch Zeile

```
PUBLIC <Name>
```

werden Variablen oder Unterprogramme «öffentlich», d.h. externe Programmodule erhalten die Möglichkeit, auf diese Bezeichner zuzugreifen. Das Hauptprogramm steht in einer eigenen Datei und führt die als PUBLIC gekennzeichneten Namen nun mittels

```
EXTRN <Name> : <FAR/NEAR>
```

auf. Der Assemblierer prüft daraufhin die deklarierten Namen nicht mehr auf ihr Vorhandensein im Quelltext, sondern er registriert sie als Bezugspunkt für eine Verbindung zu einer anderen Datei. Erst der Binder (engl.: Linker) sorgt für den Eintrag der Segmentreferenzen in den ablauffähigen Programmcode. Wenn Sie jetzt den Linker mit

```
TLINK <Objektdatei 1> + <Objektdatei 2>, <EXE/COM-Datei>
```

aufrufen, haben Sie schon alles Notwendige getan. Die erste Objektdatei muß hierbei
die des Hauptmoduls sein; anschließend werden weitere Module mit Unterprogrammen
diesem Hauptprogramm hinzugefügt.

```
;**********************************************
;*                                            *
;* Beispielprogramm 5-3: Externe Unterprogramme *
;*                                            *
;*              Hauptprogramm                 *
;*                                            *
;**********************************************
;

; TASM-Festlegungen:

                IDEAL                   ; TASM-Ideal-Modus
                MODEL TINY              ; Kleinste Programmart: COM

; Gleichsetzungen:

BILDAUS         equ     9               ; Fkt.: Bildschirmausgabe
DOSFUNK         equ     21h             ; MS-DOS Interrupt-Nummer
ENDE            equ     4Ch             ; Fkt.: Programm beenden
CR              equ     13              ; <Carriage-Return>
LF              equ     10              ; <Line-Feed>
EDB             equ     "$"             ; Zeichen für
                                        ; "Ende der Botschaft"


;===================================================================
; Deklaration der externen Unterprogramme:

                EXTRN   ClearScreen : NEAR
                EXTRN   Wait4Key    : NEAR


;===================================================================

; Anfang des Codesegments:

                CODESEG                 ; Beginn des Codesegments

                ORG  100h               ; Anfang für COM-Datei
ANFANG:         JMP  Start


;===================================================================

; Datenbereich:

                ; Ausgabetexte:
TEXT1           db      'Noch ist der Bildschirm nicht gelöscht.'
                db      CR, LF, EDB
TEXT2           db      'Jetzt ist der Bildschirm sauber.'
                db      CR, LF, EDB
TEXT3           db      'Bitte eine beliebige Taste drücken...'
                db      CR, LF, EDB


;===================================================================

; Hauptprogramm:

Start:          mov  dx, OFFSET TEXT1    ; Text 1 ausgeben
```

```
        mov   ah, BILDAUS
        int   DOSFUNK

        mov   dx, OFFSET TEXT3      ; Text 3 ausgeben
        mov   ah, BILDAUS
        int   DOSFUNK

        call  Wait4Key             ; Unterprogramm aufrufen

        call  ClearScreen

        mov   dx, OFFSET TEXT2      ; Text 2 ausgeben
        mov   ah, BILDAUS
        int   DOSFUNK

        mov   dx, OFFSET TEXT3      ; Text 3 ausgeben
        mov   ah, BILDAUS
        int   DOSFUNK

        call  Wait4Key             ; Unterprogramm aufrufen

        xor   al,al                ; Errorlevel := 0
        mov   ah, ENDE
        int   DOSFUNK

        end   ANFANG
```

Im Laufe der Zeit werden sich eine ganze Reihe von Objektdateien ansammeln, die den Programmcode für externe Unterprogramme enthalten. Dabei kann man sehr leicht den Überblick verlieren. Es ist also sinnvoll, die Prozeduren zu klassifizieren und in einzelnen *Bibliotheken* zu sammeln. Zur Verwaltung dieser Bibliotheken steht Ihnen das Programm TLIB zur Verfügung:

TLIB <LibName> Aktion <Objektdatei>	
Aktion	**Wirkung**
+	Modul hinzufügen
-	Modul entfernen
*	Modul herausziehen
+- -+	Modul ersetzen
- -	Modul herausziehen und löschen

Tabelle 5-4 Aufruf von TLIB

Möchten Sie die Objektdatei ASS_TOOL.OBJ in die Bibliothek TOOLS aufnehmen, geben Sie ein:

```
TLIB tools + ass_tool
```

Wenn Routinen aus dieser Bibliothek von einem Programm aufgerufen werden sollen, deklarieren Sie die Prozeduren innerhalb des aufrufenden Programmes als extern mit

```
EXTRN <Name>:<FAR/NEAR>
```

Durch den DOS-Aufruf des Binders mit der Zeile

```
TLINK <Objektdatei>, <EXE/COM-Datei>,, <Bibliothek>
```

werden daraufhin die benötigten Module automatisch aus der Bibliothek eingelesen und in den Programmcode eingebunden. Durch diese Maßnahmen wird der Verwaltungsaufwand, den Sie zu erledigen haben, drastisch minimiert, und Sie können sich auf die Lösung der Programmieraufgabe konzentrieren.

5.3.2   Aufruf von Makros

Im Gegensatz zu Unterprogrammen werden durch den Aufruf eines Makros die Makrobefehle während der Übersetzung durch TASM an der Stelle eingefügt, an der der Makroaufruf erfolgt.

```
;**********************************************
;*                                          *
;* Beispielprogramm 5-4: Makroprogrammierung   *
;*                                          *
;**********************************************

; TASM-Festlegungen:

                IDEAL                  ; TASM-Ideal-Modus
                MODEL TINY             ; Kleinste Programmart: COM

; Gleichsetzungen

ENDE            equ     4Ch            ; Fkt.: Programm beenden
BILDAUS         equ     9              ; Fkt.: Bildschirmausgabe
CR              equ     13             ; <Carriage-Return>
LF              equ     10             ; <Line-Feed>
EDB             equ     "$"            ; Zeichen für
                                       ; "Ende der Botschaft"
DOSFUNK         equ     21h            ; MS-DOS Interrupt-Nummer

;==================================================================

; Makrodefinition

; Der Makro "DOSRUF" dient zum Aufrufen einer DOS-Funktion.

MACRO           DOSRUF Funktion
                mov     ah,Funktion    ; lade nach AH die
                                       ; gewünschte Fkt.-Nummer
```

```
                        int  DOSFUNK
ENDM

;------------------------------------------------------------------
; Der Makro "DISPLAY_XY" dient zur Ausgabe eines Textes auf
; dem Bildschirm.
; Als Parameter sind in dieser Reihenfolge anzugeben:
;         (1) Symbolische Anfangsadresse des Textes
;         (2) Spaltennummer
;         (3) Zeilennummer

VIDEO_INT         = 10h                    ; Bildschirm-Interrupt
GetScreenMode     = 0F00h                  ; eingestellten Modus
                                           ; ermitteln
SetCursorPos      = 0200h                  ; Cursor positionieren

MACRO             DISPLAY_XY Text, Spalte, Zeile

                  ; aktuellen Bildschirmmodus ermitteln
                  ; BH enthält anschließend die aktuelle
                  ; Bildschirmseite
                  mov  ax, GetScreenMode
                  int  VIDEO_INT

                  mov  ax, SetCursorPos  ; Cursor-Positionierung:
                  mov  dh, Zeile - 1     ; Die Zählung für Zeilen und
                  mov  dl, Spalte - 1    ; Spalten beginnt bei Null
                                         ; => KORREKTUR
                  int  VIDEO_INT

                  mov  dx,offset Text    ; Text ausgeben
                  DOSRUF BILDAUS

ENDM

;==================================================================

; Anfang des Codesegments:

                  CODESEG                  ; Beginn des Codesegments

                  ORG  100h                ; Anfang für COM-Datei
ANFANG:           JMP  Start

;==================================================================

;Datenbereich

TEXT1             db   "Guten Tag!", CR, LF, EDB
TEXT2             db   "Hallo! Wie geht's?", CR, LF, EDB
TEXT3             db   "Auf Wiedersehen!", CR, LF, EDB

;==================================================================
;Programmbereich

Start:            DISPLAY_XY TEXT1, 12, 10   ; TEXT1 in Zeile 10,
                                             ; Spalte 12 anzeigen
                  DISPLAY_XY TEXT2, 1,  1    ; TEXT2 in Zeile 01,
                                             ; Spalte 01 anzeigen
                  DISPLAY_XY TEXT3, 50, 23   ; TEXT3 in Zeile 23,
                                             ; Spalte 50 anzeigen

                  xor  al, al                ; Errorlevel := 0
```

```
        DOSRUF ENDE

        END ANFANG
```

Aus dem Beispielprogramm 5-4 wird während der Übersetzung der folgende Programm-code erzeugt:

```
      86                   ;==================================================
      87                   ;Programmbereich
      88
      89 0137              Start:              DISPLAY_XY TEXT1, 12, 10
1     90 0137  B8 0F00                            mov  ax, GetScreenMode
1     91 013A  CD 10                              int  VIDEO_INT
1     92 013C  B8 0200                            mov  ax, SetCursorPos
1     93 013F  B6 09                              mov  dh, 10 - 1
1     94 0141  B2 0B                              mov  dl, 12 - 1
1     95 0143  CD 10                              int  VIDEO_INT
1     96 0145  BA 0102r                           mov  dx,offset TEXT1
2     97 0148  B4 09                              mov  ah,BILDAUS
2     98 014A  CD 21                              int  DOSFUNK
      99
     100
     101                                      DISPLAY_XY TEXT2,  1,  1
1    102 014C  B8 0F00                            mov  ax, GetScreenMode
1    103 014F  CD 10                              int  VIDEO_INT
1    104 0151  B8 0200                            mov  ax, SetCursorPos
1    105 0154  B6 00                              mov  dh, 1 - 1
1    106 0156  B2 00                              mov  dl, 1 - 1
1    107 0158  CD 10                              int  VIDEO_INT
1    108 015A  BA 010Fr                           mov  dx,offset TEXT2
2    109 015D  B4 09                              mov  ah,BILDAUS
2    110 015F  CD 21                              int  DOSFUNK
     111
     112
     113                                      DISPLAY_XY TEXT3, 50, 23
1    114 0161  B8 0F00                            mov  ax, GetScreenMode
1    115 0164  CD 10                              int  VIDEO_INT
1    116 0166  B8 0200                            mov  ax, SetCursorPos
1    117 0169  B6 16                              mov  dh, 23 - 1
1    118 016B  B2 31                              mov  dl, 50 - 1
1    119 016D  CD 10                              int  VIDEO_INT
1    120 016F  BA 0124r                           mov  dx,offset TEXT3
2    121 0172  B4 09                              mov  ah,BILDAUS
2    122 0174  CD 21                              int  DOSFUNK
     123
     124
     125 0176  32 C0                          xor  al, al
     126                                      DOSRUF ENDE
1    127 0178  B4 4C                              mov  ah,ENDE
1    128 017A  CD 21                              int  DOSFUNK
     129
     130                                      END ANFANG
```

Die Ziffern am Anfang der Zeilen geben die Verschachtelungstiefe der einzelnen Makros an. Das ist dann nützlich, wenn von einem Makro ein anderes aufgerufen wird.

Der Zeitgewinn durch die Anwendung von Makros ist gegenüber dem Einsatz von Unterprogrammen mitunter erheblich, wenn das Makro nur einige Befehlsbyte lang ist.

Denn durch das «echte» Einsetzen der Befehle, die innerhalb eines Makros programmiert sind, erübrigen sich die Zugriffe auf den Stapel zum Sichern der Rücksprungadresse oder einzelner Register.

Doch jeder Vorteil wird in der Regel mit einem Nachteil «eingekauft»: Durch das Einfügen der einzelnen Befehle wird ihr Programm länger, d.h. es benötigt mehr Speicherplatz. Diesen Nachteil kann man sehr leicht in seinen Auswirkungen abschätzen:

Rufen Sie ein Makro, daß aus 20 Befehlsbyte besteht, in ihrem Programm 10 mal auf, so benötigen Sie hierfür

$$10 \cdot 20 \; Byte = 200 \; Byte$$

Speicherplatz. Im Gegensatz dazu belegt ein Unterprogramm gleicher Größe nur einmal 20 Byte für die Befehle. Hinzu kommen dann noch maximal 5 Byte für jeden Aufruf des Unterprogrammes mit dem CALL-Befehl. Ein weiterer Nachteil der Makroprogrammierung liegt darin, daß diese nicht in übersetzter Form in ein neues Programm eingebunden werden können. Sie müssen also immer den Quelltext zur Verfügung haben, um ihn zum Beispiel als INCLUDE-Datei in das neue Programm einbinden zu können. Beim Einsatz externer Unterprogramme aus Objektdateien muß dagegen der Quellcode nicht vorhanden sein, und die Objektdateien können in Bibliotheken verwaltet werden. Dic Entscheidung, welche Programmiertechnik eingesetzt wird, liegt ganz bei Ihnen. Eine goldene Regel kann man ehrlicherweise nicht angeben.

Ein Tip für den Einsatz von Makros: Da an jeder Stelle, an der ein Makro aufgeführt wird, in der Listing-Datei die einzelnen Befehle eingesetzt werden, bläht sich das Listing unter Umständen erheblich auf. Sie können dies auf zwei Arten unterdrücken: Die eine Möglichkeit durch

```
%NOMACS
```

Hierdurch werden in die Listing-Datei nur noch die Makrozeilen aufgenommen, die Befehle enthalten; alle Kommentarzeilen und Assemblierer-Anweisung tauchen nicht mehr auf. Sollte Ihnen auch das noch zu viel sein, können Sie am Anfang der Makrodefinition

```
%NOLIST
```

und am Ende

```
%LIST
```

eingeben. Nun erscheint nichts mehr im Listing, das zwischen diesen beiden Anweisungen steht.

5.3.3 Einbindung von INCLUDE-Dateien

Wenn Sie über eine Reihe von immer wieder verwendeten Unterprogrammen und Makros verfügen, die Sie in neuen Programmen verwenden wollen, haben Sie die Möglichkeit, den Quelltext dieser Routinen in Form von Include-Dateien (engl.: to include - mit einbeziehen, einschließen) einzubinden. Die Anweisung hierfür, die an jeder beliebigen Stelle im Programm stehen kann, lautet:

```
INCLUDE "Dateiname"
```

Ähnlich wie der Aufruf von Makros hat diese Anweisung zur Folge, daß an der Stelle, an der sie steht, der Quelltext der Include-Datei eingefügt wird.

```
;************************************************
;*                                              *
;* Beispielprogramm 5-5: Include-Programmierung *
;*                                              *
;*                Hauptprogramm                 *
;*                                              *
;************************************************

; TASM-Festlegungen:

            IDEAL                   ; TASM-Ideal-Modus
            MODEL TINY              ; Kleinste Programmart: COM

;================================================================
; Assemblierer-Deklarationen einlesen

            INCLUDE "COMPILE.INC"

;================================================================
; Externe Prozeduren:

            EXTRN ClearScreen : NEAR
            EXTRN Wait4Key    : NEAR

;================================================================
; Makrodefinitionen werden aus externer Datei eingelesen:

            INCLUDE "MAKRO.INC"

;================================================================

; Anfang des Codesegments:

            CODESEG                 ; Beginn des Codesegments

            ORG  100h               ; Anfang für COM-Datei
ANFANG:     JMP  Start
```

```
;====================================================================
; Datenbereich:

TEXT1          db    'Noch ist der Bildschirm nicht gelöscht.'
               db    CR, LF, EDB
TEXT2          db    'Jetzt ist der Bildschirm sauber.', CR, LF, EDB
TEXT3          db    'Bitte eine beliebige Taste drücken...'
               db    CR, LF, EDB

;====================================================================

; Hauptprogramm:

Start:         DISPLAY_XY TEXT1, 12, 10      ; TEXT1 in Zeile 10, Spalte 12 anzeigen
               DISPLAY_XY TEXT3, 12, 11      ; TEXT3 in Zeile 11, Spalte 12 anzeigen

               call Wait4Key

               call ClearScreen

               DISPLAY_XY TEXT2, 05, 15      ; TEXT2 in Zeile 15, Spalte 05 anzeigen
               DISPLAY_XY TEXT3, 05, 16      ; TEXT3 in Zeile 15, Spalte 05 anzeigen

               call Wait4Key

               xor  al,al                    ; Errorlevel = 0
               DOSRUF ENDE

               end  ANFANG
```

Das Beispielprogramm 5-5 benötigt zwei INCLUDE-Dateien. Die erste beinhaltet
Gleichsetzungen für den Assemblierer.

```
;**********************************************
;*                                            *
;* Beispielprogramm 5-5: Include-Programmierung *
;*                                            *
;*         Assemblierer-Anweisungen           *
;*                                            *
;**********************************************

; Gleichsetzungen

ENDE           equ    4Ch          ; Fkt.: Programm beenden
BILDAUS        equ    9            ; Fkt.: Bildschirmausgabe
CR             equ    13           ; <Carriage-Return>
LF             equ    10           ; <Line-Feed>
EDB            equ    "$"          ; Zeichen für "Ende der Botschaft"
DOSFUNK        equ    21h          ; MS-DOS Interrupt-Nummer
```

Innerhalb der zweiten INCLUDE-Datei sind einige Makros definiert:

```
;***********************************************
;*                                             *
;* Beispielprogramm 5-5: Include-Programmierung *
;*                                             *
;*              Makro-Definitionen             *
;*                                             *
;***********************************************

; Der Makro "DOSRUF" dient zum Aufrufen einer DOS-Funktion.

MACRO           DOSRUF Funktion
                mov  ah,Funktion   ; lade nach AH die gewünschte Fkt.-Nummer
                int  21h
ENDM


;---------------------------------------------------------------

; Der Makro "DISPLAY_XY" dient zur Ausgabe eines Textes auf
; dem Bildschirm.
; Als Parameter sind in dieser Reihenfolge anzugeben:
;        (1) Symbolische Anfangsadresse des Textes
;        (2) Spaltennummer
;        (3) Zeilennummer

VIDEO_INT       = 10h                           ; Bildschirm-Interrupt
GetScreenMode   = 0F00h                         ; eingestellten Modus ermitteln
SetCursorPos    = 0200h                         ; Cursor positionieren

MACRO           DISPLAY_XY Text, Spalte, Zeile

                ; aktuellen Bildschirmmodus ermitteln
                ; BH enthält anschließend die aktuelle Bildschirmseite
                mov  ax, GetScreenMode
                int  VIDEO_INT

                mov  ax, SetCursorPos  ; Cursor-Positionierung:
                mov  dh, Zeile - 1     ; Die Zählung für Zeilen und
                mov  dl, Spalte - 1    ; Spalten beginnt bei Null => KORREKTUR
                int  VIDEO_INT

                mov  dx,offset Text    ; Text ausgeben
                DOSRUF 9
ENDM
```

Aus diesem Programm erzeugt der TASM-Assemblierer das folgende, ausschnittsweise
dargestellte Programm:

```
 1              ;***********************************************
 2              ;*                                             *
 3              ;* Beispielprogramm 5-5: Include-Programmierung *
 4              ;*                                             *
 5              ;*              Hauptprogramm                  *
 6              ;*                                             *
 7              ;***********************************************
 8
 9              ; TASM-Festlegungen:
10
11                      IDEAL
12 0000                 MODEL TINY
13
```

```
   14                ;=================================================
   15                ; Assemblierer-Deklarationen einlesen
   16
   17                        INCLUDE "COMPILE.INC"
 1 18                ;************************************************
 1 19                ;*                                              *
 1 20                ;* Beispielprogramm 5-5: Include-Programmierung *
 1 21                ;*                                              *
 1 22                ;*           Assemblierer-Anweisungen           *
 1 23                ;*                                              *
 1 24                ;************************************************
 1 25
 1 26                ; Gleichsetzungen
 1 27
 1 28       =        ENDE    equ 4Ch ; Fkt.: Programm beenden
 1 29       =        BILDAUS equ 9   ; Fkt.: Bildschirmausgabe
 1 30       =        CR      equ 13  ; <Carriage-Return>
 1 31       =        LF      equ 10  ; <Line-Feed>
 1 32       =        EDB     equ "$" ; Zeichen für "Ende der Botschaft"
 1 33       =        DOSFUNK equ 21h ; MS-DOS Interrupt-Nummer
 1 34
   35
   36                ;================================================
   37                ; Externe Prozeduren:
   38
   39                EXTRN ClearScreen : NEAR
   40                EXTRN Wait4Kcy    : NEAR
   41
   42                ;===============-----------------=================
   43                ; Makrodefinitionen werden aus externer Datei
   44                ; einlesen:
   45                INCLUDE "MAKRO.INC"
 1 46                ;************************************************
 1 47                ;*                                              *
 1 48                ;* Beispielprogramm 5-5: Include-Programmierung *
 1 49                ;*                                              *
 1 50                ;*             Makro-Definitionen               *
 1 51                ;*                                              *
 1 52                ;************************************************
 1 53
 1 54                ; Der Makro "DOSRUF" dient zum Aufrufen einer
 1 55                ; DOS-Funktion.
 1 56                MACRO DOSRUF Funktion
 1 57                    mov  ah,Funktion ; lade nach AH die gewünschte Fkt.Nummer
 1 58                    int  DOSFUNK
 1 59                    ENDM
 1 60
 1 61
 1 62                ;-------------------------------------------------
 1 63
 1 64                ; Der Makro "DISPLAY XY" dient zur Ausgabe eines
 1 65                ; Textes auf dem Bildschirm.
 1 66                ; Parameter sind in dieser Reihenfolge anzugeben:
 1 67                ;           (1) Symbolische Anfangsadresse des Textes
 1 68                ;           (2) Spaltennummer
 1 69                ;           (3) Zeilennummer
 1 70
 1 71  = 0010        VIDEO_INT     = 10h        ; Bildschirm-Interrupt
 1 72  = 0F00        GetScreenMode = 0F00h      ; Modus ermitteln
 1 73  = 0200        SetCursorPos  = 0200h      ; Cursor positionieren
 1 74
```

```
1   75              MACRO DISPLAY_XY Text, Spalte, Zeile
1   76
1   77                      ; aktuellen Bildschirmmodus ermitteln
1   78                      ; BH enthält anschließend die aktuelle
1   79                      ; Bildschirmseite
1   80                      mov  ax, GetScreenMode
1   81                      int  VIDEO_INT
1   82
1   83                      mov  ax, SetCursorPos
1   84                      mov  dh, Zeile -1
1   85                      mov  dl, Spalte-1
1   86
1   87                      int  VIDEO_INT
1   88
1   89                      mov  dx,offset Text
1   90                      DOSRUF BILDAUS
1   91              ENDM
1   92
    93
    94              ;=============================================
    95
    96              ; Anfang des Codesegments:

        (...)
```

Wie bei der Makroprogrammierung ist anhand der Ziffer in Spalte 1 des Listings die
Verschachtelungstiefe der INCLUDE-Dateien erkennbar.

Ein Tip für das Arbeiten mit INCLUDE: Wie Sie anhand des Beispielprogrammes 5-5
erkennen können, wird die erzeugte Listing-Datei sehr lang. Dabei ist unter Umständen
die eigentliche Aufgabe des Programms nicht mehr erkennbar. Mit der Anweisung

```
%NOINCL
```

verhindern Sie, daß die INCLUDE-Dateien im Listing ausgegeben werden. Wenn die
eingeschlossenen Dateien nur fehlerfreie Anweisungen enthalten, werden sie sowieso
keine Neuigkeiten für Sie zeigen.

5.4 Aufruf von MS-DOS-Funktionen

Das Betriebssystem MS-DOS stellt zahlreiche Funktionen zur Verfügung, mit denen
zum Beispiel Dateien bearbeitet oder Zeichenketten auf dem Bildschirm ausgegeben
werden können. Jeder Assemblerprogrammierer, der Programme für Personal Computer
entwirft, wäre sicherlich hoffnungslos überfordert, wenn er auf Unterstützung durch das
Betriebssystem verzichten wollte.

Es gibt aber noch einen weiteren Aspekt, warum bestimmte Aufgaben durch
Funktionsaufrufe erledigt werden sollten: Wenn Sie heute ein Programm für Ihren PC

schreiben, wollen Sie dieses sicher auch noch nach der Installation einer neuen MS-DOS-Version verwenden. Gleichgültig, wie MS-DOS z.B. Dateien intern verwaltet, können Sie bei der Verwendung von MS-DOS-Funktionen davon ausgehen, daß die Schnittstelle zwischen Ihrem Programm und dem Betriebssystem weitestgehendst kompatibel ist, d.h. daß Sie keine Änderungen an Ihrem Programm vornehmen müssen. Sie sollten also nach Möglichkeit immer auf vorhandene DOS-Funktionen zurückgreifen, wenn sich hierfür die Möglichkeit ergibt.

Wenn Sie eine Funktion des Betriebssystems aufrufen wollen, lösen Sie per Software einen Interrupt[1] aus. Diese Interruptanforderung bewirkt, daß das laufende Programm unterbrochen wird und die Befehle innerhalb des Betriebssystems ausgeführt werden.

INT 21h	
Register	Bedeutung
Vor Aufruf:	
AH	Funktionsnummer
AL	Unterfunktion (optional)
CX	Parameter (optional)
DL	Parameter (optional)
DS:DX	Zeiger auf Speicherbereich (optional)
Nach dem Aufruf Carry-Flag nicht gesetzt	
diverse (meist AL)	Funktionsergebnisse
Nach dem Aufruf Carry-Flag gesetzt	
AX	Fehlernummer

Tabelle 5-5 Schnittstelle zum INT 21h

Der am häufigsten aufgerufene Interrupt ist der INT 21h. Im Anhang dieses Buches finden Sie eine Übersicht der wichtigsten Funktionen, die auf diese Weise ausgeführt werden können. Aber auch in den Beispielprogrammen werden Sie häufig auf eine derartige Anweisung stoßen. Das Interface zwischen Anwenderprogramm und MS-DOS unter Verwendung des INT 21h ist in Tabelle 5-5 dargestellt. Wie Sie dieser Tabelle

---

[1]   Auch wenn die Bezeichnung *Interrupt* an dieser Stelle eigentlich nicht korrekt ist, denn es handelt sich im Grunde genommen um einen Unterprogrammaufruf, verwende ich diesen eingebürgerten Begriff.

entnehmen können, sind Sie bei einigen DOS-Funktionsaufrufen in der Lage, die fehlerfreie Ausführung eines Aufrufs zu überprüfen. Folglich sind Sie damit auch in der Lage, auf mögliche Fehler zu reagieren. Seit der DOS-Version 2.0 wird dabei das Carry-Flag als Kennung für den Erfolg des Funktionsaufrufs verwendet: Ist es gelöscht, so trat kein Fehler auf. Sollte es aber gesetzt sein, ist in AX eine entsprechende Fehlernummer zu finden.

Das Beispielprogramm 5-6 zeigt eine Anwendung von MS-DOS-Funktionen, um eine Datei anzulegen und zu beschreiben. Dabei kann beispielsweise der Fehler auftreten, daß die Datei bereits existiert oder die Festplatte voll ist. Daher wird nach jedem INT-21h-Aufruf der Zustand des Carry-Flag überprüft und gegebenenfalls zum Label fehler verzweigt.

```
;************************************************
;*                                             *
;* Beispielprogramm 5-6: Dateioperationen      *
;*                                             *
;************************************************
;* Dieses Programm soll                        *
;*      1. eine Datei anlegen/öffnen           *
;*      2. eine Text in diese Datei schreiben  *
;*      3. die Datei schließen                 *
;************************************************

;===============================================================================
; Gleichsetzungen für den Assembllierer:

TASTEIN           equ    10        ; Funktion: Tastatureingabe
BILDAUS           equ     9        ; Funktion: Bildschirmausgabe

CREATE_FILE       equ    3Ch       ; Funktion: Datei neu anlegen/öffnen
                                   ; Diese Funktion bricht ab, wenn die Datei bereits
                                   ; existiert.
CREATE_NEW_FILE equ    5Bh         ; Funktion: Datei neu anlegen/öffnen
                                   ; Diese Funktion überschreibt die eventuell
                                   ; vorhandene Datei.
WRITE_HANDLE      equ    40h       ; Funktion: Puffer in Datei schreiben
CLOSE_HANDLE      equ    3Eh       ; Funktion: Datei schließen

ATTRIBUT          equ    00h       ; Datei-Attribut:
                                   ; Read only:      01h
                                   ; Hidden:         02h
                                   ; System File:    04h
                                   ; Volume ID:      08h
                                   ; Directory:      10h
                                   ; Archive:        20h
                                   ; unbeschränkt:   00h

DOSFUNK           equ    21h       ; MS-DOS Interrupt-Nummer

MAXSIZE           equ    30        ; max. Zeichenzahl im Eingabepuffer
CR                equ    13        ; ASCII-Code für <Carriage Return>
LF                equ    10        ; ASCII-Code für <Line Feed>
LEER              equ    ' '       ; ASCII-Code für <Space>
EDB               equ    '$'       ; Zeichen für "Ende der Botschaft"
```

```
ANZAHL             equ    20            ; Anzahl der Textausgaben

;==========================================================================
; Anfang des Codesegments:

                   .MODEL TINY          ; Kleinste Programmart: COM
                   .DATA                ; Beginn des Programmcodes

                   ORG  100h            ; Anfang COM-Datei

PrgAnfang:         jmp  Start           ; Sprung über Datenbereich zur Marke 'Start'.

;==========================================================================
; Datenbereich innerhalb des Codesegments:

DATEI_NAME         db     'DISK_ASS.TXT', 0  ; Name der Datei (muß mit Oh enden)

DATEI_TEXT         db     'Dieser Text wird von Assembler-Ebene'
                   db     ' in die Datei geschrieben.'
TEXT_LAENGE        equ    $ - OFFSET DATEI_TEXT

; Hinweise:
HINWEIS_1          db     'Datei anlegen und öffnen ...', CR, LF, EDB
HINWEIS_2          db     'Puffertext schreiben ...', CR, LF, EDB
HINWEIS_3          db     'Datei schließen ...', CR, LF, EDB
HINWEIS_4          db     'Fertig.', 7, CR, LF, EDB

; Fehlermeldungen:
FEHLER_0           db     'Diskette/Festplatte ist voll', 7, CR, LF, EDB
FEHLER_3           db     'Pfad nicht gefunden', 7, CR, LF, EDB
FEHLER_4           db     'Zu viele Dateien offen', 7, CR, LF, EDB
FEHLER_5           db     'Zugriff verweigert', 7, CR, LF, EDB
FEHLER_6           db     'Ungültiges Handle', 7, CR, LF, EDB
FEHLER_80          db     'Datei existiert bereits', 7, CR, LF, EDB
FEHLER_XX          db     'Unbekannter Fehler', 7, CR, LF, EDB

;==========================================================================
; Programmbereich:

Start:             mov  ax, cs          ; Inhalt des Codesegmentregisters CS
                                        ; nach AX
                   mov  ds, ax          ; und anschließend nach DS kopieren

; Hinweistext ausgeben:

                   mov  dx, OFFSET HINWEIS_1   ; DX := Anfangsadresse des
                                              ; Textes
                   xor  al, al          ; AL-Register löschen
                   mov  ah, BILDAUS     ; Funktion wählen
                   int  DOSFUNK         ; und ausführen

; Datei anlegen und öffnen:

                   mov  dx, OFFSET DATEI_NAME
                   mov  cx, ATTRIBUT    ; Datei-Attribut setzen
                   mov  ah, CREATE_NEW_FILE
                   int  DOSFUNK

                   jc   FEHLER          ; Falls Carry-Flag gesetzt:
                                        ; weiter bei Fehlerausgabe
```

```
                xor  bx, bx              ; BX-Register löschen
                xchg bx, ax             ; AX- und BX-Register austauschen

; Datei beschreiben:

                mov  dx, OFFSET HINWEIS_2  ; Hinweis ausgeben
                mov  ah, BILDAUS
                int  DOSFUNK

                mov  dx, OFFSET DATEI_TEXT
                mov  cl, TEXT_LAENGE
                xor  ch, ch
                mov  ah, WRITE_HANDLE
                int  DOSFUNK

                jc   FEHLER             ; Falls CARRY-FLAG gesetzt:
                                        ; weiter bei Fehlerausgabe

                cmp  ax, 0              ; AX = 0?
                jne  CLOSE              ; nein: Weiter bei Label

                mov  dx, OFFSET FEHLER_0   ; ja: Fehlerausgabe
                mov  ah, BILDAUS
                int  DOSFUNK

; Datei schließen:

CLOSE:          mov  dx, OFFSET HINWEIS_3  ; Hinweis ausgeben
                mov  ah, BILDAUS
                int  DOSFUNK

                mov  ah, CLOSE_HANDLE
                int  DOSFUNK
                jc   FEHLER             ; Falls CARRY-FLAG gesetzt:
                                        ; weiter bei Fehlerausgabe

; Fertigmeldung ausgeben:

FERTIG:         mov  dx, OFFSET HINWEIS_4
                mov  ah, BILDAUS
                int  DOSFUNK

; Ende des Programmes bei fehlerfreier Ausführung:

                ret                     ; Programmende bei
                                        ; COM-Datei: RETURN


;==========================================================================
; Fehlerbehandlung:

FEHLER:         cmp  ax, 3              ; Fehler-Nr. 3
                jne  F_01              ; nein: Weiter bei Marke

                mov  dx, OFFSET FEHLER_3   ; DX := Anfangsadresse des
                                        ; Textes
                jmp  F_AUS             ; weiter bei Label

F_01:           cmp  ax, 4              ; Fehler-Nr. 4
                jne  F_02              ; nein: Weiter bei Marke

                mov  dx, OFFSET FEHLER_4
```

```
              jmp   F_AUS

F_02:         cmp   ax, 5                 ; Fehler-Nr. 5
              jne   F_03                  ; nein: Weiter bei Marke

              mov   dx, OFFSET FEHLER_5
              jmp   F_AUS

F_03:         cmp   ax, 6                 ; Fehler-Nr. 6
              jne   F_04                  ; nein: Weiter bei Marke

              mov   dx, OFFSET FEHLER_6
              jmp   F_AUS

F_04:         cmp   ax, 80                ; Fehler-Nr. 80
              jne   F_05                  ; nein: Weiter bei Marke

              mov   dx, OFFSET FEHLER_80
              jmp   F_AUS

F_05:         mov   dx, OFFSET FEHLER_XX

F_AUS:        mov   ah, BILDAUS
              int   DOSFUNK

;========================================================================
; Ende des Programmes:

              ret
              END   PrgAnfang            ; Anweisung an den Assemblierer: Programmende
```

6 Assemblerroutinen in höheren Programmiersprachen

Die Fälle, in denen man ganze Programme in Maschinensprache programmiert, sind äußerst selten. In der Regel greift ein Programmierer zu Hochsprachen, wie zum Beispiel C oder Pascal. Gerade letztere hat sich seit der Einführung von Turbo-Pascal von einer Unterrichtssprache für Studenten, wie sie ursprünglich von Nikolaus Wirth, einem Schweizer Universitätsprofessor, konzipiert wurde, zu einem Standardwerkzeug für die Programmentwicklung gemausert.

Jeder Programmierer möchte sich heute hauptsächlich auf das zu lösende Problem konzentrieren. Eine Programmzeile, wie beispielsweise:

```
WriteLn ('Guten Morgen, liebe Sorgen.');
```

erklärt sich von selbst. Der gleiche Vorgang in Assembler ist nur für Kenner des MS-DOS-Betriebssystems auf Anhieb zu verstehen:

```
Text db 'Guten Morgen, liebe Sorgen.', 10, 13, '$'

mov ah, 09h
lea dx, Text
int 21h
```

Da die heute verfügbaren Hochsprachencompiler, die den Programmcode in Maschinencode umwandeln, sehr leistungsfähig geworden sind, erübrigt sich der Einsatz von reinen Assemblerprogrammen in vielen Fällen. Zudem sind im Lieferumfang der Programmiersprachen bereits übersetzte Unterprogramme in Bibliotheken, den sogenannten Libraries oder Units bei Turbo-Pascal, enthalten, die die normale DOS- oder die Grafikprogrammierung sehr weitreichend unterstützen.

Mit diesem Wissen werden Sie sich fragen, worum es dann in diesem Kapitel geht, wenn die Hochsprachen doch so leistungsfähig sind. Die Antwort liegt darin, daß für die Hochsprachenprogrammierung Standardroutinen zur Verfügung stehen, die nahezu unabhängig vom jeweiligen Anwendungsfall und von der jeweiligen Ausbaustufe des Computers arbeiten. Diese Routinen arbeiten wegen ihrer Universalität zwangsläufig langsamer, als Routinen, die für spezielle Anwendungen geschrieben worden sind. Wie sich dieser Geschwindigkeitsverlust bemerkbar machen kann, möchte ich an Hand von zwei Beispielen verdeutlichen:

Innerhalb eines Textverarbeitungprogrammes ist die Ausgabe der eingegebenen Zeichen auf dem Bildschirm eine wesentliche Aufgabe des Programmes. Es wird schließlich nicht permanent gedruckt oder eine Sonderfunktion ausgeführt. Es ergibt sich also fast von allein, daß die Zeichenausgabe zeitkritisch ist und wesentlich die Verarbeitungsgeschwindigkeit des Programmes beeinflußt. Alle Hochsprachencompiler verwenden zur Standardzeichenausgabe DOS-Funktionsaufrufe, wie ich sie in meinen Beispielprogrammen auch eingesetzt habe. Das Betriebssystem macht nichts anderes, als die Zeichen, die irgendwo im Arbeitsspeicher ablegt sind, in den Bildschirmspeicher zu schreiben. Den Umweg über MS-DOS kann man sich jedoch sehr leicht ersparen, wenn eine Routine eingesetzt wird, die in der Lage ist, die Zeichen selber direkt in den Bildschirmspeicher zu kopieren. Wenn diese Routine auch noch in Maschinensprache geschrieben ist, können Sie sicher sein, daß es schneller kaum noch geht.

Bei technischen Anwendungen werden oft Erweiterungskarten im Computer eingesetzt, die in der Lage sind, programmierbare Spannungen auszugeben oder externe Spannungen zu messen. Um einen bestimmten zeitlichen Verlauf dieser Spannung berechnen zu können, setzt man Hochsprachen ein, die über einen Vorrat an mathematischen Berechnungsmöglichkeiten verfügen. Möchte man mittels einer solchen Meßkarte eine programmierbare Spannung ausgeben, so wird man feststellen können, daß die Ansteuerung dieser Karte von Turbo-Pascal aus wesentlich langsamer möglich ist, als von einer Assemblerroutine aus. Die Lösung für dieses Zeitproblem liegt darin, die Berechnung in der Hochsprache und die Ausgabe der Zahlenwerte in Maschinensprache zu programmieren.

Wie Sie sehen, finden sich in einem Programm oft nur wenige Stellen, die sich als besonders zeitkritisch erweisen. Wenn man auf den Komfort der Hochsprache nicht verzichten möchte, muß man nur die Engpässe aus der Welt räumen, um mit dem Programm den erwünschten Erfolg zu haben.

Natürlich bin ich im Rahmen dieses Buches nicht in der Lage, auf die Einbindung von Assemblermodulen in alle Hochsprachendialekte einzugehen. Aus diesem Grund möchte ich mich auf die Beschreibung der Verbindung von Turbo-Pascal bzw. von C mit Assembler beschränken. Stehen Sie vor Aufgabe, eine andere Hochsprache einsetzen zu müssen, sollte dies keine Schwierigkeit bereiten, denn die Mechanismen sind überall vergleichbar und in den Handbüchern nachzulesen.

6.1 Trennung der Quellen

Sofern Sie die Assemblerroutinen, die in Ihrem Programm eingesetzt werden sollen, nicht in der Entwicklungsumgebung der Hochsprache selber programmieren (C, Turbo-Pascal 6.0, etc.), haben Sie mindestens zwei unterschiedliche Quelltextdateien: Eine für die Hochsprache und eine für Assembler. Naturgemäß müssen diese auch unterschiedlich behandelt werden. Bild 6-1 gibt eine Übersicht über die prinzipielle Verfahrensweise.

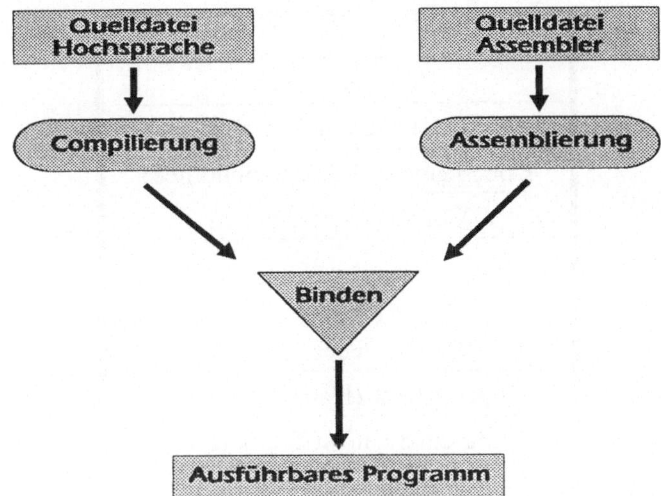

Bild 6-1 Entstehung eines Programmes aus unterschiedlichen Quellen

Zunächst werden die Quelltexte getrennt geschrieben. Daran schließt sich die Übersetzung der Assembler-Quelle und die Compilierung der Hochsprachen-Quelle an; es entstehen in der Regel getrennte Objektdateien. Erst bei dem nun folgenden Binden (TLINK, LINK, etc.) werden diese Objektdateien verbunden und als Resultat liegt ein lauffähiges Programm vor.

Dieser Vorgang ist bei allen Hochsprachencompilern derselbe, auch wenn das zum Beispiel bei Turbo-Pascal nicht offensichtlich wird: Hier werden aus der Pascal-Quelle nämlich keine Objektdateien erzeugt. Der Grund liegt in der Tatsache, daß Turbo-Pascal einen internen Binder besitzt, der in der Lage ist, Objektdateien mit in die zu erzeugende 'EXE'-Datei einzubinden.

6.2 Von Turbo-Pascal zu Assembler

In der vorhergegangen Kapiteln konnten Sie erfahren, daß ein Assemblerprogramm nur dann richtig arbeiten kann, wenn man genau weiß, wo die Daten und wo der Programmcode im Arbeitsspeicher zu finden ist. Genau aus diesem Grund müssen Sie sich zunächst mit der Methode der Speicherverwaltung der Hochsprache auseinandersetzen.

Heap
Stapelsegement
Datensegment
Codesegment (Laufzeitbibliothek)
Codesegment (Unit n)
...
Codesegment (Unit 2)
Codesegment (Unit 1)
Codesegment (Hauptprogramm)
Program-Segment-Prefix (PSP)

Tabelle 6-1 Speicherverwaltung von Turbo-Pascal

Zu einem Programm gehören üblicherweise drei Bereiche, in denen der Programmcode,
die zu verarbeitenden Daten und Registerinhalte gespeichert werden. Bis einschließlich
Turbo-Pascal 3.0 fanden sich all diese Angaben in einem einzigen Segment wieder, da
nur 'COM'-Dateien erzeugt wurden. Dieser Dateityp hat allerdings den Nachteil, daß
die Programmgröße auf 64 KByte beschränkt war. Sollte ein größeres Programm geschrieben werden, war man auf den Einsatz von nachladbaren Programmodulen, den
sogenannten Overlays angewiesen. Seit der Version 4.0 werden vom Turbo-Pascal-
Compiler 'EXE'-Dateien erzeugt. Der Programmentwickler ist somit in Bezug auf die
Programmgröße nur noch von der Ausbaustufe seines Arbeitsspeichers abhängig. Die
Entwickler der Firma Borland hatten aber weiter die Idee, Unterprogramme in
sogenannten Units zu verwalten. Hierzu stellten sie für jede einzelne Unit ein weiteres
Codesegment zur Verfügung, das wiederum jeweils maximal 64 KByte umfassen darf.
Der Speicherbedarf eines Turbo-Pascal-Programmes mit n Units läßt sich wie in
Tabelle 6-1 darstellen. Das Assemblermodul kann auf die einzelnen Segmente eines
Turbo-Pascal-Programmes über die symbolischen Bezeichner entsprechend Tabelle 6-2
zugreifen.

Der Programmsegmentvorspann (engl.: Program-Segment-Prefix, PSP) wird vom
Betriebssystem angelegt und enthält, neben den beim Programmaufruf eingegebenen
Parametern, Informationen über die Systemumgebung (Enviroment, Adresse des
Stapelbereichs, etc.). Seine Größe beträgt konstant 256 Byte.

Die Codesegmente für das Hauptprogramm und alle eingesetzten Units enthalten den
Befehlscode, der sich aus der Übersetzung ihres Programmes ergeben hat. Im
Codesegment der Laufzeitbibliothek finden sich Anweisungen, die für die Bearbeitung

der Standard-Pascal-Befehle notwendig sind. Wenn Sie also keine Units verwenden, besteht ihr Programm nur aus zwei Codesegmenten.

Das Datensegment beinhaltet zum einen typisierte Konstanten, die beim Start des Programmes einen definierten Werten enthalten, der später verändert werden kann. Zum anderen werden hier alle globale Variablen des Programms abgelegt.

Für das Stapelsegment ist eine Größe von minimal 1 KByte bis maximal 64 KByte möglich. Im Anschluß daran findet sich der Bereich, der nicht vom Programm belegt wird. Dieser freie Arbeitsspeicherbereich wird Heap genannt und kann dynamisch verwaltet werden. Die Einstellung der minimalen Stapelgröße und der benötigten Heapgröße erfolgt im Programm mit der Compiler-Anweisung

```
{$M <Stackgröße>, <min. Heap>, <max. Heap>}.
```

Referenz	Segment
CODE oder CSEG	Codesegment des Programmteils, in das das Modul eingebunden wurde (Hauptprogramm oder Unit)
DATA oder DSEG	globales Datensegment

Tabelle 6-2 Segmentreferenzen

6.2.1 Registerbelegung

Turbo-Pascal stellt die Parameter eines Unterprogrammes immer unter Verwendung des Stacks zur Verfügung. Die globalen Daten sind wie oben beschrieben im Datensegment zu finden. Aus diesem Grund dürfen die Inhalte des DS-, des SS- und des BP-Registers nicht verändert werden. Das BP-Register wird für den Zugriff auf Parameter auf dem Stapel verwendet. Sollte eine Änderung der Registerinhalte dennoch notwendig sein, muß ihr Inhalt zwischengespeichert und vor dem Rücksprung zu Turbo-Pascal wieder restauriert werden. Alle übrigen Register stehen Ihnen innerhalb der Assemblerroutine zur freien Verfügung. Funktionsergebnisse erwartet Turbo-Pascal entweder über Register oder mittels eines Zeigers, die auf dem Stack abgelegt werden müssen. Verwenden Sie einen Koprozessor, müssen die Rechenergebnisse auf dem numerischen Stack zu finden sein. Eine detaillierte Darstellung der Übergabekonvention finden Sie im folgenden Abschnitt.

6.2.2 Deklaration der Unterprogramme

Da die Unterprogramme und Funktionen in einer anderen Sprache programmiert und
übersetzt werden, liegt der Programmcode als separate Objektdatei vor. Das Einbinden
des Programmes in die Systemumgebung, für das Sie bei reinen Assemblerprogrammen
den Befehl `TLINK <programmname>` eingeben, wird nun durch den im Turbo-Pascal-
Compiler integrierten Linker erledigt. Wenn Sie innerhalb der Turbo-Pascal-Programm-
entwicklungsumgebung unter dem Menüpunkt `OPTIONS/DIRECTORIES/OBJECT DIRECTORIES`
bzw. bei Verwendung der Kommandozeilenversion mit dem Parameter `/O` das
Verzeichnis angegeben haben, in dem die Objektdatei gespeichert ist, müssen Sie dem
Compiler nur noch mitteilen, daß Ihr Programm externe Objektdateien benötigt:

---

1. Kennzeichnung des Unterprogrammes als extern, d.h. als nicht zum Quelltext
   gehörend:

   ```
   PROCEDURE Ass_Proc; EXTERNAL;
   ```

2. Mitteilung, wie die Objektdatei mit dem zugehörigen Programmcode heißt:

   ```
   {$L <OBJ-Dateiname>}
   ```

3. Im Assemblerquelltext: Aufruf einer Prozedur durch «veröffentlichen» des
   Namens zulassen:

   ```
                   PUBLIC Ass_Proc
   Ass_Prog        PROC NEAR/FAR
   ```

Für alle Programme mit getrennten Objektdateien gilt, daß nur die Namen, die als
`PUBLIC` deklariert wurden, von einem anderen Programm aufgerufen werden können. Nur
für diese werden vom Linker Informationen in der Objektdatei gespeichert; alle übrigen
Bezeichner sind dem externen Programm unbekannt.

6.2.3 Aufruf von Assemblerroutinen

Die Versorgung der Unterprogramme erfolgt typspezifisch auf zwei verschiedenen
Weisen: Entweder direkt auf dem Stapel oder als Zeiger auf die jeweilige Speicher-
adresse. Diese Unterscheidung ist sinnvoll, denn beispielsweise eine Variable vom Typ
WORD belastet den Stack nicht. Wollen Sie aber einen STRING oder ein ARRAY

übergeben, wäre der Stapel sehr schnell voll. In der Tabelle 6-3 sind alle Übergabemethoden aufgelistet. Die jeweilige Datengröße ist in Bytes angegeben.

Typ	Größe	Übergabe
BOOLEAN	1	Stapel
CHAR	1	Stapel
SHORTINT	1	Stapel
BYTE	1	Stapel
INTEGER	2	Stapel
WORD	2	Stapel
LONGINT	4	Stapel
REAL	6	Stapel
SINGLE	4	80x87-Stapel
DOUBLE	8	80x87-Stapel
EXTENDED	10	80x87-Stapel
COMP	8	80x87-Stapel
STRING		FAR-Zeiger
Zeiger	4	FAR-Zeiger
ARRAY	1, 2, 4 sonst	Stapel FAR-Zeiger
RECORD	1, 2, 4 sonst	Stapel FAR-Zeiger
SELF	4	FAR-Zeiger

Tabelle 6-3 Parameterübergabe Turbo-Pascal ↔ Assembler

Wenn Sie sich diese Tabelle genau anschauen, werden Sie sehen, daß numerische Variablen, die 1, 2 oder 4 Byte lang sind, immer direkt auf dem Stapel abgelegt. Die einzige Ausnahme bildet das REAL-Format. Die Typen, die nur bei Einsatz eines numerischen Koprozessors verfügbar sind, nutzen dessen Stapel aus. Da die 80x86-Prozessoren immer nur 16-Bit-Registerinhalte auf dem Stapel ablegen können, werden auch für die 1-Byte-Datenformate, zwei Byte dorthin transportiert. Allerdings nur das niederwertige Byte enthält die Information. Auf den Inhalt der höherwertigen Bytes sollten Sie sich nicht verlassen. Wenn sich auf dem Stapel ein Zeiger auf eine Variable befindet, beinhaltet das erste Wort die Segmentadresse und das zweite den Offset.

Wie Ihnen sicher auffällt, ist die Handhabung von ARRAYs und RECORDs durch die unterschiedlichen Methoden erschwert. Wenn ihr Assemblermodul beliebig große Daten dieses Typs bearbeiten soll, müssen Sie Ihr Unterprogramm zusätzlich mit der Größe des Datentyps versorgen. Hierzu bietet sich zum Beispiel die Pascal-Funktion SizeOf an.

Möchten Sie eine Assembler-Prozedur als eine Methode unter der ab Turbo-Pascal 5.5 verfügbaren objektorientierten Programmierung implementieren, muß berücksichtigt werden, daß zusätzlich zu den Übergabeparametern ein FAR-Zeiger auf die Instanz des Objekts mit Namen Self als letztem Parameter automatisch übergeben wird.

6.2.4   FAR und NEAR

Bevor Sie eine Assemblerprozedur aufrufen können, müssen Sie sich darüber im Klaren sein, wo sich beim Aufruf ihre Routine befindet. Sie müssen zum Zeitpunkt der Programmerstellung festlegen, ob ihre Prozedur FAR- oder NEAR-codiert werden soll. Da der Borland-Compiler sowohl «ferne», als auch «nahe» Unterprogramme kennt, stehen Sie als Programmierer vor der Qual der Wahl. Zur Erinnerung: Bei jedem Unterprogrammaufruf wird auf dem Stapel die Adresse des nächsten Befehls im aufrufenden Programm, d.h. bei NEAR-Aufrufen der Inhalt des IP-Registers und bei FAR-Deklarationen zusätzlich der Inhalt des CS-Registers, abgelegt.

Wie Sie in der Einleitung dieses Kapitels gelesen haben, besteht ein Pascal-Programm aus mehreren Codesegmenten. Befindet sich zum Zeitpunkt des Aufrufs die Assemblerroutine immer innerhalb des gleichen Codesegments, wie der Aufruf selbst, dann kann das Unterprogramm als NEAR aufgerufen werden. Dies ist zum Beispiel immer dann der Fall, wenn eine Assemblerroutine nur lokal innerhalb eines Programmoduls ausgeführt werden soll. Deklarieren Sie hingegen ihre Assemblerfunktion im Interface-Teil einer Unit und bieten somit die Möglichkeit, diese von überall aufzurufen, muß sie als FAR bezeichnet werden. Wenn Sie Zweifel haben, welchen Aufruf Sie verwenden müssen, sollten Sie ein Unterprogramm immer als FAR deklarieren; der Aufruf der Routine funktioniert dann immer.

6.2.5   Reihenfolge der Parameter

Vor dem eigentlichen Aufruf eines Unterprogrammes werden die einzelnen Parameter in genau der Reihenfolge auf dem Stack abgelegt, wie sie im Pascal-Programm festgelegt wurde.

Eine Prozedur-Deklaration, wie zum Beispiel:

```
PROCEDURE Ass_Proc (a : BYTE; b : WORD);
```

bewirkt die folgende Reihenfolge der Daten *vor* dem Aufruf auf dem Stapel:

Stapelzeiger	High-Byte	Low-Byte	Parameter
SP+2	?	a	Byte
SP	b2	b1	Word

Erst anschließend erfolgt die Speicherung der Rücksprungadresse und der Stapelzeiger zeigt auf das letzte Byte des Stapel:

Stapelzeiger	High-Byte	Low-Byte	Parameter
SP+4	?	a	Byte
SP+2	b2	b1	Word
SP	ip2	ip1	IP

Bei einer «nahen» Prozedur erreichen Sie die Variable b also über SP+2, bei einer «fernen» über SP+4.

Stapelzeiger	High-Byte	Low-Byte	Parameter
SP+6	?	a	Byte
SP+4	b2	b1	Word
SP+2	cs2	cs1	CS
SP	ip2	ip1	IP

Wie Sie wissen, sollten Sie sich vor der expliziten Verwendung des SS- und des SP-Registers hüten, um Systemabstürze zu vermeiden. Setzen Sie daher lieber den Buffer-Pointer BP, der ebenfalls den Stapel adressiert, für den Zugriff auf die Daten ein. Sichern Sie seinen ursprünglichen Inhalt auf dem Stapel und setzen Sie ihn als Zeiger ein. Da sein Inhalt für das aufrufende Programm jedoch nicht verändert werden darf, müssen Sie ihn am Anfang der Assemblerroutine auf dem Stapel sichern:

```
push bp       ; BP sichern
mov  bp, sp   ; BP := SP  -> BP zeigt auf das Stapelende
```

Vor der RET-Anweisung dürfen Sie dann natürlich die Zeile

```
pop  bp       ; BP wiederherstellen
```

nicht vergessen. Letztendlich müssen Sie vor dem Rücksprung ins Pascal-Programm dafür sorgen, daß sich kein einziger Parameter mehr auf dem Stack befindet. Bei der hier beschriebenen Vorgehensweise befinden sich ja noch alle Werte auf dem Stapel. Um den belegten Speicherplatz freizugeben, geben Sie die Anweisung

```
ret  <Anzahl der zu entfernenden Byte>
```

ein. Der Prozessor holt daraufhin zunächst die Rücksprungadresse vom Stapel und addiert die angegebene Zahl zum Inhalt des Stackpointer-Registers hinzu.

Da sich diese Anweisungen für jede einzelne Assemblerroutine wiederholen, haben die Borland-Programmierer eine Möglichkeit geschaffen, sich auch hier das Leben einfacher zu gestalten. Durch die Zeile

```
<Proc_Name> PROC <FAR/NEAR> [<Param_1 : Typ>[, <Param_2 : Typ>[...]]]
```

teilen Sie dem TASM-Assemblierer mit, welche Parameter von welchem Typ und in welcher Reihenfolge zur Versorgung der Routine über den Stapel übergeben werden. Mit dem wählbaren Namen Param_1 kann nun innerhalb des Programms auf die einzelnen Parameter zugegriffen werden. Sie dürfen ihre Routine aber «nur noch» über ein einfaches RET verlassen; die Bereinigung des Stacks wird automatisch eingefügt. Um diesen Weg zu beschreiten, brauchen Sie ihr Assemblermodul nur unter dem Modell .MODEL TPASCAL zu übersetzen.

```
;***********************************************
;*                                            *
;* Beispielprogramm 6-1: TEXTPAGE.ASM         *
;*                                            *
;*       Teil 1: Setzen der Bildschirmseite   *
;*                                            *
;***********************************************

                .MODEL TPASCAL
                .CODE

;-----------------------------------------------
; Gleichsetzungen für den Assemblierer

VIDEO_INT       = 10h
_SetPage        = 05h


;-----------------------------------------------
;
; PROCEDURE SetTextpage (Page : BYTE)
;
; Setzen der aktuellen Bildschirmseite
;
;-----------------------------------------------
;
                PUBLIC SetTextpage
;
;-----------------------------------------------

SetTextpage     PROC FAR Page : BYTE
```

```
                mov   al, Page     ; gewünschte Bildschirmseite nach AL
                mov   ah, SetPage  ; Funktionsnummer nach AH
                int   VIDEO_INT

                ret
SetTextpage     ENDP
                END
```

Die hier vorgestellten Methoden, die Übergabeparameter eines Unterprogrammes oder
einer Funktion in Assembler zur erreichen, stellt nur eine von mehreren Varianten dar.
Selbstverständlich könnten Sie auch mittels POP zunächst die Rücksprungadresse vom
Stapel holen und diese an einer sicheren Stelle zwischenspeichern. Hierfür müssen Sie
zwangsläufig einen Speicherplatz im Code- oder im Datensegment reservieren.
Anschließend «poppen» Sie die Parameter vom Stapel und können das Unterprogramm
ausführen. Vor dem Rücksprung schreiben Sie die Rücksprungadresse wieder auf den
Stapel und geben den RET-Befehl ein. Welchen Weg Sie beschreiten, ist, wie immer in
Assembler, Ihnen überlassen. In meinen Beispielprogrammen habe ich den Zugriff
mittels BP gewählt, damit ich gegebenenfalls mehrfach auf die Daten, die bis zum
Schluß auf dem Stapel stehen, zugreifen kann.

6.2.6 Turbo-Pascal-Variablen und -Unterprogramme

Möchten Sie von ihrer Assemblerroutine auf Variablen oder Prozeduren, die in Turbo-
Pascal deklariert wurden, zugreifen, müssen Sie die gewünschten Referenzen im
Datensegment als extern ausweisen.

```
Pascal:    VAR   anna : BYTE;
                 emma : CHAR;

TASM:      EXTRN anna : BYTE  ; 1 Byte
           EXTRN emma : BYTE  ; 1 Byte
```

Welche Auswirkungen hat eine EXTRN-Anweisung im Einzelnen? Der TASM-Assemblierer trägt für alle Zugriffe auf externe Variablen einen Vermerk in die Objektdatei
ein, so daß die korrekten Segmentadressen erst beim Binden eingetragen werden. Wenn
die Routine anschließend von Turbo-Pascal eingebunden werden soll, werden die
entsprechenden Werte eingesetzt und das Programm ist lauffähig. Dies geschieht
vollkommen automatisch. Vergessen Sie eine EXTRN-Deklaration, werden Sie vom
jeweiligen Compiler in Form einer Fehlermeldung «erinnert». Genauso, wie Sie also auf
externe Variablen zugreifen können, sind Sie in der Lage, Pascal-Unterprogramme und -
Funktionen aufzurufen. In Analogie zum eben besprochenen fügen Sie die Zeile

```
EXTRN  TP_Proc : FAR
```

in den Assemblertext für das Codesegment ein. Durch den Zusatz FAR bzw. NEAR erfährt
TASM, daß mit diesem Namen ein externes Unterprogramm aufgerufen werden soll.

Die Angabe der Sprungentfernung hängt davon ab, ob sich die Routine im selben oder in einem anderen Codesegment befindet. Die Standardfunktionen von Turbo-Pascal sind übrigens immer im Codesegment der Laufzeitbibliothek gespeichert. Sie müssen also immer mit FAR angesprochen werden.

Typ	Größe	Übergabe
BOOLEAN	1	AL
CHAR	1	AL
BYTE	1	AL
SHORTINT	1	AL
INTEGER	2	AX
WORD	2	AX
LONGINT	4	DX:AX
REAL	6	DX:BX:AX
SINGLE	4	STO(0)
DOUBLE	8	STO(0)
EXTENDED	10	STO(0)
COMP	8	STO(0)
STRING		siehe Text
Zeiger	4	FAR-Zeiger
ARRAY RECORD	1 2 4 sonst	AL AX DX:AX FAR-Zeiger

Tabelle 6-4 Funktionsergebnisse in Turbo-Pascal

6.2.7 Ergebnisse von Turbo-Pascal-Funktionen

Eine spezielle Form von Unterprogramme sind diejenigen, die ein Ergebnis zurückliefern. Derartige Programmbausteine nennt man Funktionen. Während es jedem reinen Assemblerprogrammierer selber überlassen ist, auf welche Weise Ergebnisse dem aufrufenden Programm mitgeteilt werden, sind Sie bei der Verwendung einer höheren Programmiersprache an dessen Festlegungen gebunden. Wie die Versorgung eines Unterprogramms geschieht die Entsorgung einer Funktion entweder in einem oder mehreren CPU-Registern oder über den Stapel erwartet. Für Turbo-Pascal gelten die Richtlinien entsprechend Tabelle 6-4. Ist das Ergebnis ein oder zwei Byte lang, wird es im AL- bzw. AX-Register erwartet. Bei einem vier Byte-Resultat steht der höherwertige Anteil im DX-, der niederwertige im AX-Register. Wie bei Turbo-Pascal üblich, stellt eine Zahl vom Typ REAL eine Ausnahme dar: Das höchstwertige Wort steht in DX, das mittlere in BX und das niederwertigste in AX. Die Zahlentypen, die einen 80x87-Koprozessor voraussetzen, werden über das Stack-Register 0 dieses Bauteils zurückgegeben. Liefert eine Funktion einen Zeiger zurück, so steht in DX die Segmentadresse und in AX der Offset.

Das Verfahren für ein String-Resultat weicht von allen anderen ab: Vor dem eigentlichen Aufruf der Funktion stellt Turbo-Pascal einen temporären Speicherbereich für das Ergebnis zur Verfügung. Dessen Lage wird durch einen FAR-Zeiger, der vor dem ersten Parameter auf dem Stack abgelegt wird, mitgeteilt. Dieser Zeiger darf bei der Rückkehr ins Pascal-Programm nicht entfernt werden, sonst kann das Ergebnis nicht gefunden werden.

Zwei Beispiele sollen Ihnen die Programmierung von Funktionen verdeutlichen: Das erste Programm wandelt alle deutschen Umlaute in eine Kombination von zwei Buchstaben um:

    'Ä' → 'AE'
    'ä' → 'ae'
    etc.

Der Assemblerfunktion wird beim Aufruf die Adresse eines Strings (VAR s : STRING) übergeben. Nach der Umwandlung wird ein String, der gegebenenfalls länger geworden ist, zurückgeliefert.

```
;************************************************
;*                                             *
;* Beispielprogramm 6-2: GER_US.ASM            *
;*                                             *
;************************************************

                .MODEL TPASCAL
                .CODE

                LOCALS @@

;-----------------------------------------------------
;
; FUNCTION Ger_Us_Ascii (var s: STRING) : STRING
;
; Umwandlung von deutschen in amerikanische
; ASCII-Zeichen
;
;-----------------------------------------------------
;
                PUBLIC Ger_Us_Ascii
;
;-----------------------------------------------------

Ger_Us_Ascii    PROC NEAR GUA_Str : DWORD RETURNS GUA_Res:DWORD

                push ds                 ; DS-Register sichern
                lds  si, GUA_Str        ; Start des Übergabe-
                                        ; strings nach DS:SI
                les  di, GUA_Res        ; Start Ergebnis
                                        ; -> ES:DI
                cld                     ; Zählrichtung: aufwärts


                ;-------------------------------------------------
                ; Aufbau eines PASCAL-Strings:
                ;
                ; 1. Byte:           Länge des Strings
                ; 2. bis (n+1). Byte: Inhalt als Character
                ;
                ;-------------------------------------------------

                mov  bx, di             ; Zeiger auf Stringlänge
                                        ; zwischenspeichern

                lodsb                   ; Stringlänge umspeichern
                stosb

                mov  cl, al             ; Stringlänge
                xor  ch, ch             ; -> CX (Zähler)

                jcxz @@07               ; Falls 0 Zeichen -> ENDE

@@01:           lodsb                   ; 1 Zeichen laden

                cmp  al, 'A'            ; kleiner 'A'?
                jb   @@08               ; Ja: Nichts zu machen

                cmp  al, 'z'            ; kleiner/gleich 'z'?
                jbe  @@08               ; Ja: Nichts zu machen

@@02:           cmp  al, 'Ä'            ; Umlaut 'Ä'?
```

```
              jne   @@03              ; Nein: weiter bei Label
              mov   al, 'A'           ; Ja: 'A' und 'E' speichern
              stosb
              inc   BYTE PTR [es:bx]
              mov   al, 'E'
              jmp   @@08              ; weiter bei Label

@@03:         cmp   al, 'ä'           ; Umlaut 'ä'?
              jne   @@04              ; Nein: weiter bei Label
              mov   al, 'a'           ; Ja: 'a' und 'e' speichern
              stosb
              inc   BYTE PTR [es:bx]
              mov   al, 'e'
              jmp   @@08              ; weiter bei Label

@@04:         cmp   al, 'Ö'           ; Umlaut 'Ö'?
              jne   @@05              ; Nein: weiter bei Label
              mov   al, 'O'           ; Ja: 'O' und 'E' speichern
              stosb
              inc   BYTE PTR [es:bx]
              mov   al, 'E'
              jmp   @@08              ; weiter bei Label

@@05:         cmp   al, 'ö'           ; Umlaut 'ö'?
              jne   @@06              ; Nein: weiter bei Label
              mov   al, 'o'           ; Ja: 'o' und 'e' speichern
              stosb
              inc   BYTE PTR [es:bx]
              mov   al, 'e'
              jmp   @@08              ; weiter bei Label

@@06:         cmp   al, 'Ü'           ; Umlaut 'Ü'?
              jne   @@07              ; Nein: weiter bei Label
              mov   al, 'U'           ; Ja: 'U' und 'E' speichern
              stosb
              inc   BYTE PTR [es:bx]
              mov   al, 'E'
              jmp   @@08              ; weiter bei Label

@@07:         cmp   al, 'ü'           ; Umlaut 'ü'?
              jne   @@08              ; Nein: weiter bei Label
              mov   al, 'u'           ; Ja: 'u' und 'e' speichern
              stosb
              inc   BYTE PTR [es:bx]
              mov   al, 'e'

@@08:         stosb                   ; Zeichen speichern

              loop  @@01              ; nächstes Zeichen

              pop   ds                ; DS wiederherstellen

              ret                     ; Parameter vom Stack
                                      ; und Ende

Ger_Us_Ascii  ENDP
              END
```

Nachdem dieses Programm assembliert wurde, kann es mit dem nachfolgenden Pascal-
Programm aufgerufen werden.

```pascal
PROGRAM Deutsch_nach_US_ASCII;

VAR   s : STRING;

{$F-}    { NEAR-Funktion }

FUNCTION Ger_Us_Ascii (VAR s : STRING) : STRING; EXTERNAL;
{$L ger_us}
BEGIN
     WriteLn ('Test der Assembler-Function: Ger_Us_Ascii', #10);

     s := 'abcdefghijklmnopqrstuvwxyzäöü123';

     WriteLn ('Teststring:                   ', s);

     WriteLn ('Ergebnis der Umwandlung:    ', Ger_Us_Ascii (s));

END.
```

Das zweite Beispiel liefert in Analogie zur Umschaltung der aktuellen Textbild-
schirmseite (siehe Abschnitt 6.2.5) die Nummer dieser Seite zurück:

```asm
;**********************************************
;*                                          *
;* Beispielprogramm 6-1: TEXTPAGE.ASM       *
;*                                          *
;*  Teil 2: Aktuelle Bildschirmseite ermitteln  *
;*                                          *
;**********************************************

                .MODEL TPASCAL
                .CODE

;-------------------------------------------------
; Gleichsetzungen für den Assemblierer

VIDEO_INT       = 10h
_GetVideoMode   = OFh


;-------------------------------------------------
;
; FUNCTION GetTextpage : BYTE
;
; Ermittlung der aktuellen Bildschirmseite
;
;-------------------------------------------------
;
                PUBLIC GetTextpage
;
;-------------------------------------------------

GetTextpage     PROC FAR
                mov  ah, _GetVideoMode ; Funktionsnummer nach AH
                int  VIDEO_INT

                ;----------------------------------
                ; Vorbereitung der Ergebnisrückgabe:
                xor  ah, ah              ; AH löschen
                mov  al, bh              ; Bildschirmseite nach AL
```

```
                ret
GetTextpage     ENDP
                END
```

Wenn Sie in ihr Programm also die Zeile

```
    WriteLn ('Momentan ist Seite ', GetTextpage, ' aktiv.');
```

einfügen, wird die entsprechende Seitennummer angezeigt.

Ein Tip für alle, die mit Turbo-Pascal Ausgaben auf die möglichen Textseiten der gängigen Grafikkarten tätigen wollen: Alle Ausgaben mit Write bzw. WriteLn und auch die Cursorsteuerung GotoXY arbeiten nur auf der Textseite 0. Sollen Zeichenausgaben auf die bis zu sieben weiteren Textbildschirme ermöglicht werden, müssen hierfür gesonderte Routinen geschrieben werden. Hierfür bietet sich beispielsweise die Funktion 9 des Video-Interrupts 10h an:

$$AH = 9$$
$$AL = \text{Zeichen}$$
$$BH = \text{Bildschirmseite}$$
$$BL = \text{Attribut}$$
$$CX = \text{Anzahl der auszugebenden Zeichen}$$

Eine Lösung für dieses Problem habe ich als Prozedur WriteStrP realisiert; diese befindet sich auf der Diskette, die Sie zu diesem Buch gesondert beziehen können. Weitere Funktionen des Interrupt 10h finden Sie im Anhang.

6.2.8 Zugriff auf spezielle Datentypen

In jeder Hochsprache stehen dem Programmierer diverse Datentypen zur Verfügung, die das Leben einfacher machen. Stellvertretend möchte ich die unkomplizierte Verwaltung von Datenfeldern, den sogenannten ARRAYs, nennen. Eine Anzahl von Werten, die in einer bestimmten Beziehung zueinander stehen, können in einem Datenfeld zusammengefaßt werden. Auf jedes einzelne Element kann dann über einen sogenannten Index zugegriffen werden. Als Beispiel könnte man sich eine Sammlung von Meßwerten eines Versuches vorstellen, die zu verschiedenen Zeitpunkten aufgenommen wurden; als Index würde dabei der Zeitpunkt Verwendung finden.

Höhere Programmiersprachen verwalten Datenfelder möglichst platzsparend, d.h. es wird nur das Notwendigste abgespeichert. So genügt für die eindeutige Adressierung eines Feldelementes die Angabe, wo das Datenfeld im Arbeitsspeicher beginnt, wieviele Bytes ein Element groß ist und auf welches Element zugegriffen werden soll. Aus diesen Angaben kann dann die genaue Lage des gesuchten Elementes ermittelt werden:

Element-Adresse = Feld-Anfang + Element-Größe * Element-Index

Auf ein Trennzeichen zwischen den einzelnen Feldelementen kann verzichtet werden, da diese Berechnung immer ein eindeutiges Ergebnis liefert. Soll ein Zugriff auf Assemblerebene erfolgen, muß nur diese Berechnung nachvollzogen werden.

Als ein weiteres Beispiel für grundlegende Unterschiede in der Verwaltung von Daten sind auch vorzeichenbehaftete numerische Variablen aufzuführen. Wie in Kapitel 2.4 beschrieben, werden beispielsweise negative Zahlen auf Assemblerebene als Zweier-Komplementzahlen behandelt. Dies ist immer dann zu berücksichtigen, wenn das Vorzeichen einer Zahl von besonderem Interesse ist. Wie in diesem Abschnitt beschrieben, gilt eine Zahl dann als negativ, wenn das höchstwertigste Bit gesetzt ist.

$$-18 \quad = \quad 0FFEEh \quad = \quad 1111\ 1111\ 1110\ 1110b$$

Möchten Sie ein Datenfeld mit INTEGER-Zahlen, die bei Turbo-Pascal jeweils 2 Byte für die Speicherung benötigen, nach der Größe sortieren, müssen Sie das jeweilige Vorzeichen beachten. Die CPU kann diese Unterscheidung nicht automatisch vornehmen, denn es könnte sich ja auch um vorzeichenlose WORD-Werte handeln. Welche Auswirkungen die Notwendigkeit der Beachtung eines Vorzeichens haben kann, möchte ich in den Beispielprogrammen 6-3 und 6-4 vorführen.

Besitzt eine numerische Variable kein Vorzeichen, gestaltet sich ein Größenvergleich sehr einfach: Die Befehlszeile

```
cmp  ax, dx  ; AX > DX ?
```

ist liefert ein unmißverständliches Ergebnis. Das Beispielprogramm 6-3 zeigt eine Anwendung des BUBBLE-Algorithmus für vorzeichenlose Daten vom Typ WORD. Nach der Initialisierung der Indexregister werden alle Daten (Index_1) mit den nachfolgenden (Index_2) verglichen. Sollte dabei der Wert im AX-Register kleiner sein, als der im DX-Register, erfolgt ein Austausch der Zahlen.

```
;************************************************
;*                                              *
;* Beispielprogramm 6-3: BUBBLE.ASM             *
;*                                              *
;************************************************
;
                .MODEL TPASCAL          ; Routine für Turbo Pascal
                .286                    ; Assemblierung für 80286

                .CODE

                LOCALS @@                ; Anfangszeichen lokaler
                                        ; Bezeichner

;--------------------------------------------------------
;
; PROCEDURE Bubble (FeldPtr : POINTER;
;                   Groesse : WORD)
;
; Wirkung:    Sortieren eines Datenfeldes mit
```

```
;              vorzeichenlosen WORD-Werten
;
; Versorgung: FeldPtr zeigt auf ein Datenfeld mit
;              vorzeichenlosen WORD-Werten.
;
;--------------------------------------------------------
;
;              PUBLIC Bubble
;
;--------------------------------------------------------

Bubble          PROC NEAR

                ARG FeldPtr:DWORD, \
                    Groesse:WORD

                pusha                      ; Register sichern

                mov  cx, Groesse           ; Schleifenzähler initialisieren

                lds  si, FeldPtr           ; Index_1: Erstes Feldelement
                                           ;          nach DS:SI

;========================================================
; WORD-Werte sortieren:

@@Bubble_Word:  mov  ax, [ds:si]           ; erstes Feldelement holen

                les  di, FeldPtr           ; Index_2: Letztes Feldelement
                add  di, Groesse           ;          nach ES:DI
                sub  di, 2                 ; minus 2 wegen DatenWORT

@@Bubble_W01:   mov  dx, [es:di]           ; zweites Feldelement holen

                cmp  ax, dx                ; AX > DX ?
                jbe  @@Bubble_W02          ; nein: kein Tausch

;--------------------------------------------------------
; Werte tauschen:

                mov  [es:di], ax
                mov  [ds:si], dx
                mov  ax, dx

@@Bubble_W02:   dec  di                    ; Index_2 erniedrigen
                dec  di                    ; (zweimal wegen DatenWORT)

                cmp  di, si                ; Index_2 > Index_1 ?
                jg   @@Bubble_W01          ; ja: vorheriges Element
                                           ;     vergleichen

                inc  si                    ; Index_1 erhöhen
                inc  si                    ; (zweimal wegen DatenWORT)

                dec  cx                    ; CX einmal dekrementieren
                loop @@Bubble_Word         ; nächstes Wort vergleichen

;========================================================
@@Bubble_End:   popa                       ; Register wiederherstellen

                ret
```

```
Bubble          ENDP
                END
```

Der Aufruf dieser Assemblerroutine erfolgt einfach durch die Zeile

```
Bubble_VZ (@Datenfeld, SizeOf (Datenfeld));
```

wobei Datenfeld ein Array vom Typ WORD darstellt.

Sollten jedoch sowohl positive wie auch negative Zahlen auftreten können, muß man sich etwas mehr Mühe geben. Untersucht man die negativen Zahlen einmal etwas genauer, läßt sich feststellen, daß die kleinste negative Zahl, die sich in einem Byte darstellen läßt, die Zahl 8000h (-128) ist; die größte lautet 0FFFFh (-1). Würde man Datenbytes, die innerhalb dieses Bereiches liegen, mit der Anweisung

```
cmp  ax, dx  ; AX > DX ?
```

vergleichen, lieferte die CPU richtige Ergebnisse, denn es gälten die gleichen Verhältnisse wie bei vorzeichenlosen Wörtern. Jeder Prozessor liefert aber ein falsches Ergebnis, wenn unterschiedliche Vorzeichen vorhanden sind: Stur würde er behaupten, daß 8000h (-128) größer als 07FFh (+127) ist. Die Ursache hierfür liegt darin begründet, daß die CPU nur vorzeichenlose Zahlen kennt. Alle anderen Darstellungsvarianten sind Interpretationen der Daten, die der Programmierer vorgibt. Die Lösung wäre also ein Vergleich, ob der Wert in AX *größer* als der in DX ist, wie es im Beispielprogramm 6-4 implementiert ist.

```
;**************************************************
;*                                               *
;* Beispielprogramm 6-4: BUBBLE_V.ASM            *
;*                                               *
;**************************************************
;

                .MODEL TPASCAL      ; Routine für Turbo Pascal
                .286                ; Assemblierung für 80286

                .CODE

                LOCALS @@           ; Anfangszeichen lokaler
                                    ; Bezeichner

;--------------------------------------------------------------
;
; PROCEDURE Bubble_VZ (FeldPtr : POINTER;
;                      Groesse : WORD)
;
; Wirkung:    Sortieren eines Datenfeldes mit
;             vorzeichenbehafteten Integer-Werten
;
; Versorgung: FeldPtr zeigt auf ein Datenfeld mit
;             vorzeichenbehafteten Integer-Werten.
;             Unter Turbo-Pascal hat eine Integer-Zahl
;             eine Länge von 2 Byte; ShortInt-Zahlen
;             sind 1 Byte lang.
;
```

```
;----------------------------------------------------
;
                PUBLIC Bubble_VZ
;
;----------------------------------------------------

Bubble_VZ       PROC NEAR

                ARG FeldPtr:DWORD, \
                    Groesse:WORD

                pusha                       ; Register sichern

                mov  cx, Groesse            ; Schleifenzähler initialisieren

                lds  si, FeldPtr            ; Index_1: Erstes Feldelement
                                            ;          nach DS:SI

;====================================================================
; WORD-Werte sortieren:

@@Bubble_Word:  mov  ax, [ds:si]            ; erstes Feldelement holen

                les  di, FeldPtr            ; Letztes Feldelement
                add  di, Groesse            ;          nach ES:DI
                sub  di, 2                  ; minus 2 wegen DatenWORT

@@Bubble_W01:   mov  dx, [es:di]            ; zweites Feldelement holen


;- - - - - - - - - - - - - - - - - - - - - - - - - - - - - - -
                cmp  ax, 0                  ; AX < 0 ?
                jns  @@Bubble_W02           ; nein

                cmp  dx, 0                  ; DX < 0 ?
                jns  @@Bubble_W03           ; nein
                jmp  SHORT @@Bubble_W04     ; ja: gleiches Vorzeichen (-)

@@Bubble_W02:   cmp  dx, 0                  ; DX < 0 ?
                jns  @@Bubble_W04           ; nein: gleiches Vorzeichen (+)

;----------------------------------------------------
; Beide Werte haben unterschiedliches Vorzeichen:

@@Bubble_W03:   cmp  ax, dx                 ; AX < DX ?
                jb   @@Bubble_W05           ; ja: tausche Werte
                jmp  SHORT @@Bubble_W06     ; nein: kein Tausch

; Beide Werte haben gleiches Vorzeichen:

@@Bubble_W04:   cmp  ax, dx                 ; AX > DX ?
                jbe  @@Bubble_W06           ; nein: kein Tausch


;----------------------------------------------------
@@Bubble_W05:   ; Werte tauschen
                mov  [es:di], ax
                mov  [ds:si], dx
                mov  ax, dx

@@Bubble_W06:   dec  di                     ; Index_2 erniedrigen
                dec  di                     ; (zweimal wegen DatenWORT)
```

```
        cmp  di, si                ; Index_2 > Index_1 ?
        jg   @@Bubble_W01          ; ja: vorheriges Element
                                   ;     vergleichen

        inc  si                    ; Index_1 erhöhen
        inc  si                    ; (zweimal wegen DatenWORT)

        dec  cx                    ; CX einmal dekrementieren
        loop @@Bubble_Word         ; nächstes Element holen

;==============================================================
@@Bubble_End:   popa               ; Register wiederherstellen
                END
```

Da also eine Unterscheidung in gleiches und ungleiches Vorzeichen notwendig ist, muß
dem eigentlichen Größenvergleich eine Vorzeichenuntersuchung vorgeschaltet werden.
Achten Sie darauf, daß alle möglichen Kombinationen berücksichtigt werden, da Sie
sonst eine falsch sortierte Liste zurückgeliefert bekommen. Auf der Programmdiskette
zu diesem Buch finden Sie den Sortieralgorithmus übrigens auch für BYTE-Werte
implementiert, so daß damit alle Ganzzahlen (außer LongInt) sortiert werden können.

getestet auf	Größe des Datenfeldes	Pascal	Assembler	Unterschied
80286-Rechner, 8 MHz	20	0,5260 s	0,0011 s	478:1
	200	5,4557 s	0,1058 s	52:1
80486-Rechner, 33 MHz	200	2,7164 s	0,0069 s	394:1

Tabelle 6-5 Laufzeiten von Pascal- und Assemblerprozeduren

6.2.9 Geschwindigkeitsgewinn

Durch den Einsatz von Assemblerroutinen kann die Ablaufgeschwindigkeit eines
Programmes zum Teil erheblich vergrößert werden. Wenn Sie das neue Assembler-
Programmpaket *Turbo Debugger & Tools* von Borland einsetzen, erhalten Sie neben
einem neuen Assembler und einem neuen Debugger auch das Programm *Turbo Profiler*.
Mit diesem läßt sich das Laufzeitverhalten eines Programmes auf einfache Art ermitteln.
Um nun den Geschwindigkeitsgewinn zu messen, mußte eine Bubble-Routine für Bytes
in Pascal geschrieben gegen die oben beschriebene Assemblerroutine antreten. Das
Ergebnis ist beeindruckend: Auf einem AT-kompatiblen Rechne benötigte die Pascal-
Prozedur für kleine Datenfelder etwa 500 mal mehr Zeit, als die entsprechende Routine
in Maschinencode. Bei größeren Feldern lag dieser Faktor immerhin noch bei 50. Die
auf einem 80486-Rechner ermittelten Zahlen sprechen ebenso für sich, wie Sie der
Tabelle 6-5 entnehmen können.

Während die wesentlich kürzere Laufzeit zum Beispiel bei einer Datenbankanwendung nur bedingt bemerkbar ist, stellt der Einsatz von Assemblerprozeduren bei einigen technischen Anwendungen die Lösung mancher Probleme dar. Möchte Sie beispielsweise unter Einsatz einer sogenannten Digital-Analog-Wandler-Karte im PC, die eine zur digitalen Rechneransteuerung proportionale analoge Spannung ausgibt, eine nahezu beliebige Spannungskurve ausgeben, könnten Sie folgenden Weg einschlagen:

1. Berechnen Sie den Kurvenverlauf in Pascal. Dabei haben Sie Zugriff auf den vollen Umfang der mathematischen Funktionen.

2. Speichern Sie die Werte in einem Datenfeld als Byte- oder Word-Werte ab.

3. Geben Sie dieses Datenfeldes unter Einsatz einer Assemblerroutine aus.

Als Muster für Ihre eigenen Anwendungen können Sie das Beispielprogramm 6-5 verwenden. Durch den Pascal-Aufruf

```
DA OUT (@Datenfeld, SizeOf (Datenfeld), Anzahl_der_Perioden)
```

können Sie eine beliebige Funktion bestehend aus Datenwörtern ausgeben lassen.

```
;**************************************************
;*                                               *
;* Beispielprogramm 6-5: DA_OUT.ASM              *
;*                                               *
;**************************************************

                .MODEL TPASCAL      ; Routine für Turbo Pascal
                .286                ; Assemblierung für 80286

                .CODE

                LOCALS @@           ; Anfangszeichen lokaler
                                    ; Bezeichner

;-----------------------------------------------------------
;
; PROCEDURE DA_Out (FeldPtr  : POINTER;
;                   Groesse  : WORD;
;                   Perioden : WORD);
;
; Wirkung:      Ausgabe von WORD-Werten auf einer
;               DA-Wandlerkarte.
;
; Versorgung:   FeldPtr zeigt auf ein Datenfeld mit
;               vorzeichenlosen WORD-Werten.
;
; Voraussetzung: 12-Bit DA-Wandler-Karte.
;               Der DA-Wandler-Kanal der PC-Karte ist über
```

```
;                     die angegebenen Hardware-Port-Adressen
;                     programmierbar.
;
;-------------------------------------------------------------
;
                      PUBLIC DA_Out
;
;-------------------------------------------------------------
; Hardware-Adressen:

DA_Low  = 27Eh               ; Kanal für Low-Byte
DA_High = 27Fh               ; Kanal für High-Byte


;-------------------------------------------------------------

DA_Out                PROC NEAR

                      ARG FeldPtr:DWORD, \
                          Groesse:WORD,  \
                          Perioden:WORD

                      pusha                  ; Register sichern

                      mov  cx, Perioden      ; Äußerer Schleifenzähler
                                             ; für Anzahl der Perioden
                                             ; initialisieren

                      mov  dx, DA_Low        ; Ausgabe immer über DX

@@DA_Out_WORD:        push cx                ; Äußeren Schleifenzähler retten
                      mov  cx, Groesse       ; Inneren Schleifenzähler mit
                                             ; Größe des Datenfeld
                                             ; initialisieren

                      lds  si, FeldPtr       ; Index auf erster Feldelement
                                             ; nach DS:SI

@@DA_Out_WO1:         mov  ax, [ds:si]       ; erstes Feldelement holen

                      out  dx, ax            ; Wert ausgeben:
                                             ;  AL -> Port DX
                                             ;  AH -> Port DX + 1

                      inc  si                ; Index erhöhen
                      inc  si                ; (zweimal wegen DatenWORT)

                      dec  cx                ; CX einmal dekrementieren
                      loop @@DA_Out_WO1      ; nächstes Element holen

                      pop  cx                ; Äußeren Schleifenzähler holen

                      loop @@DA_Out_WORD     ; nächste Periode

;=============================================================
@@DA_Out_End:         popa                   ; Register wiederherstellen

                      ret

DA_Out                ENDP
                      END
```

6.3 Von C zu Assembler

Nach der recht ausführlichen Beschreibung der Turbo-Pascal-Schnittstelle, möchte ich
mich nun auf die wesentlichen Aspekte der Einbindung von Assemblerprogrammen in
C-Programme beschränken.

Die Speicherverwaltung der einzelnen C-Dialekte, ist weitestgehendst identisch. Unter
Einsatz der vereinfachten Segmentzuweisung mit MODEL-Anweisungen können Sie meist
davon ausgehen, daß in Assembler das gleiche Speichermodell wie im C-Programm
verwendet werden kann. Eine Ausnahme bildet das HUGE-Modell von C++ der Firma
Borland; hier sollten Sie das Spezialmodell TCHUGE einsetzen. Auf jeden Fall können Sie
Ihre nicht-initialisierten Daten nach der Anweisung

```
.DATA?
```

beziehungsweise

```
.FARDATA?
```

programmieren. Daten, die zu Beginn des Programmlaufs mit definierten Werten belegt
werden sollen, setzen Sie die Anweisung

```
.DATA
.FARDATA
```

oder

```
.CONST  ; Konstanten-Segment
```

ein. Ihre Befehle stehen selbstverständlich im mit

```
.CODE
```

eingeleiteten Segment.

6.3.1 Registerbelegung

Für die reibungslose Behandlung von Assemblermodulen in C müssen Sie dafür Sorge
tragen, daß die für den Stapel zuständigen Register SS, SP und BP, sowie das
Datensegmentregister DS für das aufrufende C-Programm unverändert bleiben. Auch
das Codesegmentregister CS muß den alten Wert beinhalten, wenn es beispielsweise

durch eine Programmverzweigung verändert wurde. Die Zwischenspeicherung der
Registerinhalte erfolgt in der Regel über die Befehle PUSH bzw. POP.

Die C-typischen Registervariablen DI und SI sollten Sie zusätzlich *immer* sichern, auch
wenn dies nicht in jedem Unterprogramm notwendig ist. Wenn Sie sich aber angewöh-
nen, zu Beginn der Routine

```
push di
push si
```

und am Ende

```
pop  si
pop  di
```

einzugeben, können Sie sicher sein, daß zumindest von dieser keine Gefahr eines
Programmabsturzes droht. Alle übrigen Register dürfen Sie beliebig ohne Sicherung
verändern.

6.3.2   Deklaration und Aufruf der Unterprogramme

Üblicherweise müssen alle Unterprogramme nicht nur als PUBLIC im Assemblermodul
deklariert werden, sondern die Bezeichner müssen mit einem Unterstrich '_' (ASCII-
Code 95) beginnen. Dies liegt daran, daß der C-Compiler externen Bezeichner dieses
Zeichen immer voranstellt, obwohl der Aufruf von dort aus ohne Unterstrich erfolgt.
Die Unterscheidung der Groß- und Kleinschreibung ist für C-Programme Voraussetzung
für ein fehlerfreies Verständnis der einzelnen Programmteil untereinander. Daher
sollten Sie für die Übersetzung der Assemblerteile immer die Option /ML verwenden.
Das Beispielprogramm 6-1, welches oben als Turbo-Pascal-Tool zur Ermittlung der
aktuellen Bildschirmseite vorgestellt wurde, läßt sich mit einfachen Mitteln für den C-
Aufruf anpassen.

```
;***********************************************
;*                                            *
;* Beispielprogramm 6-1-C: TEXTPAGC.ASM       *
;*                                            *
;*      Aktuelle Bildschirmseite ermitteln    *
;*                                            *
;***********************************************

                .MODEL SMALL  ; gewähltes Speichermodell
                .CODE

;-------------------------------------------------
; Gleichsetzungen für den Assemblierer

VIDEO INT       = 10h
GetVideoMode    = 0Fh
```

```
;-------------------------------------------------
;
; Funktion:   _GetTextpage ()
; Ergebnis:   unsigned char
;
; Ermittlung der aktuellen Bildschirmseite
;
;-------------------------------------------------
;
                PUBLIC _GetTextpage
;
;-------------------------------------------------

_GetTextpage    PROC
                mov  ah, GetVideoMode  ; Funktionsnummer nach AH
                int  VIDEO_INT

                ;-------------------------------------------------
                ; Vorbereitung der Ergebnisrückgabe:
                xor  ah, ah              ; AH löschen
                mov  al, bh              ; Dildschirmseite nach AL

                ret
_GetTextpage    ENDP
                END
```

Der Aufruf dieses Moduls erfolgt dann in der Form

```
extern unsigned char  GetTextPage();
unsigned char BildschTrmSeite;

main ()
  {
    Bildschirmseite = GetTextPage();
    printf ( "Im Moment ist die Seite %d aktiv.\n", Bildschirmseite);
  }
```

und sollte das korrekte Ergebnis ausgeben.

6.3.3 Reihenfolge der Parameter

Die Reihenfolge, in der Parameter an das Unterprogramm übergeben werden,
entspricht genau der Reihenfolge, die Sie mittels der ARG-Anweisung deklarieren. Der
Deklaration im Hauptprogramm

```
void DemoRoutine(
     char Param_1,
     unsigned int Param_2);
```

steht also im Assemblerquelltext die Zeile

```
_DemoRoutine       PROC
                   ARG Param_1:BYTE, Param_2:WORD
                   ...
_DemoRoutine       ENDP
```

gegenüber. Das ist sicher der wesentlichste Unterschied der Aufrufkondition von C und Turbo-Pascal, wo die Reihenfolge umgekehrt war. Verfügen Sie aber bereits über eine Sammlung von Assemblerroutinen für Pascal-Programme, müssen Sie diese nicht einzeln überarbeiten. C bietet die Möglichkeit, externe Unterprogramme mit der Pascal-Konvention aufzurufen. Dies geschieht mit dem Schlüsselwort pascal in der Funktionsdeklaration. Das Beispielprogramm 6-3 könnte ohne Änderung mit

```
void pascal Bubble(long *FeldPtr, short Groesse);
```

eingebunden werden.

Typ		Größe	Übergabe
C	Assembler		
unsigned char	BYTE	1	Stapel
char	BYTE	1	Stapel
enum	WORD	2	Stapel
unsigned short	WORD	2	Stapel
short	WORD	2	Stapel
unsigned int	WORD	2	Stapel
int	WORD	2	Stapel
unsigned long	DWORD	4	Stapel
long	DWORD	4	Stapel
float	DWORD	4	80x87-Stapel
double	QWORD	8	80x87-Stapel
long double	TBYTE	10	80x87-Stapel
near *	WORD	2	Stapel
far *	DWORD	4	Stapel

Tabelle 6-6 Parameterübergabe C ↔ Assembler

Tabelle 6-6 zeigt die Zusammenhänge zwischen den C- und den Assemblerdatentypen, sowie die Übergabekonvention auf. Funktionsergebnisse werden üblicherweise über das AX-Register bzw. über das Paar DX:AX zurückgeliefert. Nur die Typen `float`, `double` und `long double` werden über ein 80x87-Register oder über den Emulator transferiert. Einzelheiten können Sie Tabelle 6-7 entnehmen.

Typ	Größe	Übergabe
unsigned char	1	AX
char	1	AX
enum	2	AX
unsigned short	2	AX
short	2	AX
unsigned int	2	AX
int	2	AX
unsigned long	4	DX:AX
long	4	DX:AX
float	4	TOS oder ST(0)
double	8	TOS oder ST(0)
long double	10	TOS oder ST(0)
near *	2	AX
far *	4	DX:AX

Tabelle 6-7 Funktionsergebnisse in C

7 Fehlervermeidung und -beseitigung

Im Laufe Ihrer Karriere als Programmierer werden Sie feststellen, daß es kaum möglich ist, ein Programm auf Anhieb 100% fehlerfrei zu schreiben. Erfahrungsgemäß wird die meiste Zeit zur Erstellung eines Programmes damit verbracht, dieses lauffähig zu machen. Dabei ist unter «Lauffähigkeit» die Toleranz gegenüber Fehlern während des Programmlaufs zu verstehen: Das Programm darf trotz einer Fehleingabe des späteren Benutzers oder wegen fehlendem Diskettenspeicherplatz nicht abstürzen. Auch die Sicherheit, daß bestimmte Fehler nicht auftreten *dürfen*, stellt ein wesentliches Kriterium zur Beurteilung eines «guten» Programmes aus. Einige Beispiele derartiger Fehler sind «Division durch Null», Zugriff auf Elemente eines Datenfeldes außerhalb des zulässigen Indexbereichs und vor allem falsche Ergebnisse eines Berechnungsalgorithmus. Das Verhältnis von Komplexität eines Programmes und dem Zeitaufwand für die Fehlerbeseitigung ist oft alles andere als proportional.

Die hauptsächliche Ursache für dieses Zeitverhältnis ist in der mangelhaften Struktur der Programme zu suchen. Eine Programmstruktur ergibt sich nicht von selbst: Sie muß entwickelt werden. Hierzu stehen verschiedene Techniken zur Verfügung. Die beiden weitaus am häufigsten eingesetzten Techniken sind *Flußdiagramme* nach DIN 66001 und *Struktogramme* nach Nassi/Shneidermann. Wer sie konsequent einsetzt, wird rasch feststellen, daß sich aufgrund der getätigten Vorüberlegungen eine klare Gliederung des Programms entwickeln und strukturelle Fehler vermeiden lassen. Auch lassen sich Schwachstellen des Programmes im Vorfeld erkennen, so daß man beispielsweise Schutzmechanismen gegen Fehlbedienungen einplanen kann.

Generell lassen sich die möglichen Fehlerarten in zwei Klassen einteilen: Syntaxfehler und logische Fehler.

7.1 Syntaxfehler

Ein Programm besteht aus einer großen Zahl einzelner Anweisungen. Diese Anweisungen müssen den Definitionen der verwendeten Programmiersprache entsprechen. Man nennt dies auch die *Syntax* eines Programmes. Die Syntax wird vom Compiler bzw. Assemblierer überprüft, der jede Unstimmigkeit mit einer entsprechenden Fehlermeldung aufzeigt. Aus einem Quelltext mit syntaktischen Fehlern kann so nie ein ablauffähiges Programm entstehen. Die Spannweite der Syntaxfehler ist sehr groß. Es fängt bei einer falschen Schreibweise der Befehle an, geht über fehlende oder falsche

Parameterangaben bei Unterprogrammaufrufen bis hin zu fehlenden Befehlstrenn-
zeichen, wie etwa dem Semikolon bei C- und Pascal-Programmen. Mit zunehmender
Praxis wird es immer leichter, die Fehlermeldungen des Übersetzers zu deuten und die
Fehler zu lokalisieren.

7.2 Logische Fehler

Haben Sie es geschafft, alle Syntaxfehler zu beseitigen, taucht sofort das nächste
Problem auf: Das Programm funktioniert nicht so, wie Sie es sich ausgedacht haben.
Diese alltägliche Erscheinung kann sehr viele Ursachen haben. Zum einen sind die
Fehlerquellen sehr stark von der verwendeten Programmiersprache abhängig. Je weiter
entfernt die Sprache vom Prozessor ist, desto mehr Arbeit wird dem Programmierer
abgenommen. Ein Beispiel ist die Rückkehr zum Betriebssystem, wenn das Programm
beendet werden soll. Als Assemblerprogrammierer, der mit dem Rechner prinzipiell
alles machen kann, muß man sich um solche «Kleinigkeiten» selber kümmern und hat
dabei die Gelegenheit, Fehler zu machen, die der Assemblierer nicht entdecken kann.
Viele Fehler rühren auch daher, daß eine Aufgabenstellung und deren Lösungsstrategie
nicht in allen Details durchdacht wurden. Insbesondere bei Maschinenprogrammen
verliert man sehr leicht den Überblick über die Feinheiten. Es passiert dann, daß man
bei einer Reihe von Vergleichen eines der möglichen Ergebnisse vergißt. Müssen Sie
beispielsweise das Vorzeichen zweier numerischer Variablen innerhalb eines Sortieralgorithmus beachten können folgende neun Kombinationen auftreten:

Nr.	Variable A	Variable B
1	> 0	> 0
2	= 0	> 0
3	< 0	> 0
4	> 0	= 0
5	= 0	= 0
6	< 0	= 0
7	> 0	< 0
8	= 0	< 0
9	< 0	< 0

Logische Fehler unterlaufen einem Programmierer oft bei der Auswahl der bedingten
Sprunganweisungen. Es passiert sehr schnell, daß man «vergißt», daß ein Vergleich auch

das Ergebnis «Gleichheit» haben kann, wenn man nur auf kleiner oder größer prüft. Kontrollieren Sie daher vor bedingten Sprüngen, ob die Sprunganweisung auch in Abhängigkeit von den gesetzten Flags des Prozessor-Status-Wortes ausgeführt werden kann. Kritisch sind hier insbesondere die Befehle JA/JAE und JG/JGE beziehungsweise JB/JBE und JL/JLE, die sich nur in der Auswertung zweier Flags unterscheiden. Prüfen Sie auch, ob die Steuerflags von der vorhergegangen Anweisung überhaupt beeinflußt werden können. Die Information, welcher Befehl welches Flag verändert, erhalten Sie im Anhang dieses Buches.

7.3 Checkliste

Um typische Fehler zu vermeiden, habe ich eine Checkliste für ein Assemblerprogramm aufgestellt, die aber keinen Anspruch auf Vollständigkeit erhebt. Sie enthält die wichtigsten Grundregeln und zeigt die schlimmsten Auswirkungen bei Fehlern auf. Auch wenn diese Auswirkungen unter Umständen nicht sofort eintreten, ist es schwierig, die Fehlerursache ausfindig zu machen. Ist in der Tabelle lediglich ein «falsches Ergebnis» vermerkt, kann es bei bestimmten Systemkonstellationen («verbogene» Zeiger, etc.) dennoch zu einem Systemabsturz kommen; das ist immer ein *falsches* Ergebnis.

Grundregel	Auswirkung bei Fehler
Am Ende eines Programmes muß ein Rücksprung zum Betriebssystem erfolgen. Dies kann durch die Funktion 4Ch (INT 21h) erfolgen.	Systemabsturz
Für jede PUSH-Anweisung muß eine entsprechende POP-Anweisung vorhanden sein und umgekehrt.	Systemabsturz
Am Ende einer Prozedur (PROC) muß eine Rücksprunganweisung stehen.	Systemabsturz
Der Rücksprung aus einer Prozedur muß dem Typ des Unterprogrammes entsprechen (NEAR bzw. FAR).	Systemabsturz
Wenn eine Prozedur über den Stapel mit Parametern versorgt wird, müssen diese vor dem eigentlichen Rücksprung beseitigt werden.	Systemabsturz
Alle Register, die in einem Unterprogramm verwendet werden, sollten auf dem Stapel gesichert werden, wenn das Hauptprogramm deren Inhalte benötigt.	Falsche Ergebnisse

Grundregel	Auswirkung bei Fehler
Der Stapel eines Programmes muß ausreichend groß sein. Bei 'EXE'-Dateien sollte eine Minimalgröße von 512 Byte angesetzt werden.	Systemabsturz durch Überschreiben von Programmen. Falsche Ergebnisse durch Überschreiben von Daten.
Überprüfen Sie die Reihenfolge der Operanden eines Befehls. Sie legt eindeutig fest, in welches Register das Ergebnis geschrieben wird.	Falsche Ergebnisse
Zugriffe auf Werte im Datensegment dürfen nicht mit dem Zugriff auf den Offset dieses Wertes verwechselt werden. Verwenden Sie für die Adresse einer Speicherstelle immer den expliziten Operator OFFSET.	Falsche Ergebnisse
Kontrollieren Sie bei Stringbefehlen (LODS, MOVS, etc.), ob das Direction-Flag den korrekten Zustand aufweist, da hiervon die Wirkungsrichtung der Befehle abhängt.	Systemabsturz durch Überschreiben von Programmen. Falsche Ergebnisse durch Überschreiben von Daten.
Stringbefehle verändern den Inhalt der Indexregister entsprechend dem Typ des Datenzugriffs, d.h. um 1 bei Bytes und um 2 bei Wörtern. Ein explizites In- bzw. Dekrementieren von Zeigern und Zählern muß dem Rechnung tragen.	Falsche Ergebnisse
Bedingte Sprünge sollen immer dann ausgeführt werden, wenn die Flags definiert gesetzt werden, da sehr viele Befehle den Inhalt des PSW verändern.	Falsche Ergebnisse
Beachten Sie, daß bei der Verwendung von arithmetischen Operation häufig mehr als ein Register zur Speicherung des Ergebnisses verwendet wird, ohne das dies ausdrücklich gefordert wurde (MUL, DIV, etc.)	Falsche Ergebnisse

7.4 Einsatz eines Debuggers

Wie kann man aber ein Programm austesten? Dafür gibt es zwei Wege. Sie könnten an allen Programmstellen, die kritisch sein könnten, Anweisungen einfügen, um Variablenwerte auf dem Bildschirm anzuzeigen. Von dieser unsauberen Methode möchte ich dringend abraten. Nicht nur, daß die Bildschirmausgabe in Assembler im Vergleich zu Hochsprachen relativ aufwendig ist. Das wesentliche Manko dieser Strategie ist, daß Sie den Quelltext Ihres Programmes einzig zur Fehlersuche verändern. Haben Sie endlich alle Fehlerquellen beseitigt, müssen Sie das Programm erneut bearbeiten, um alle Bildschirmausgaben wieder zu beseitigen. Jedes Editieren des Programmes hat aber zur Folge, daß neue Fehler gemacht werden können. Das Ergebnis einer solchen Methode ist, daß man länger, als unbedingt notwendig, damit beschäftigt ist, Fehler und Folgefehler zu beseitigen.

Ein wesentlich besserer und auch bequemerer Weg, ein Programm zu untersuchen, ist der Einsatz eines *Debuggers* (engl.: to debug - Fehler beseitigen). Wenn Sie sich den Turbo-Assembler von Borland zulegen, erhalten Sie im Paket auch den Turbo-Debugger. Die grundlegenden Eigenschaften eines Debuggers sind:

- Das Programm läßt sich an jeder beliebigen Stelle unterbrechen (Breakpoint).
- Jedes Register und jede Variable kann angezeigt und verändert werden.
- Es lassen sich auf Assemblerebene einzelne Befehle zum Testen verändern.

Das sogenannte Debuggen erfolgt dabei wahlweise auf zwei Ebenen: Entweder auf Quelltextebene, wenn das Programm mit einer entsprechenden Compileroption übersetzt wurde. Für dem Turbo-Assembler müssen Sie hierzu die Zeilen

```
tasm /zi <Dateiname>
```

und

```
tlink /v <Dateiname>
```

für vollständige Debug-Informationen eingeben. Für Turbo-Pascal lautet die entsprechende Anweisung

```
tpc /v <Dateiname>
```

beziehungsweise es müssen in der integrierten Entwicklungsumgebung die Schalter OPTIONS/COMPILER/DEGUG INFORMATION und DEBUG/STANDALONE DEBUGGING auf ON gesetzt sein. Die Untersuchung eines Programmes auf Prozessorebene erfolgt immer im Maschinencode und steht Ihnen jederzeit zur Verfügung. Zur Erleichterung der nicht immer einfachen und manchmal detektivischen Aufgabe, Fehlerquelle in einem Programm ausfindig zu machen, können Sie ferner bedingte Programmunterbrechungen einfügen. Auf diese Weise sind Sie in der Lage, ein Programm bis zum Eintreten eines bestimmten Ereignisses ablaufen zu lassen. In aller Ruhe können Sie nun den Zustand aller relevanten Größen untersuchen und gegebenenfalls verändern. Anzumerken ist, daß sich alle Änderungen, die Sie am Programm vornehmen, nur temporär auswirken. Das bedeutet, daß notwendige Modifikationen am Quelltext getrennt durchzuführen sind. Der Turbo-Debugger bietet Ihnen jedoch die Möglichkeit, das Debugging zu protokollieren, so daß Sie ohne Notizzettel auskommen können.

7.5 Debug-Strategie

Starten Sie zunächst den Debugger unter Angabe des zu untersuchenden Programms:

```
td <Dateiname>
```

Wenn Sie keinerlei Vorstellung haben, ob das Programm einwandfrei funktioniert, fassen Sie sich ein Herz und drücken die Taste <F9>, um das Programm ohne Unterbrechungen ablaufen zu lassen. Wenn kein Fehler auftritt, meldet der Debugger nach dem Ende des Programms:

```
Terminated, exit code 0
```

und Ihre Aufgabe ist erledigt. Tritt jedoch ein Fehler auf, so erscheint ein Textfenster mit der Meldung

```
Runtime Error
```

und die dazugehörige Befehlszeile wird invers dargestellt. Schauen Sie zunächst im Handbuch der Programmiersprache, auf welche Ursache der Laufzeitfehler hinweist. Entsprechend dieser Auskunft können Sie nun die einzelnen Variablen untersuchen. Mit der Tastenkombination <Control-F7> können Sie sich den Inhalt anzeigen lassen. Haben Sie festgestellt, daß die Ursache beispielsweise in der Bereichsüberschreitung eines Zahlentyps liegt, können Sie mit der Taste <F2> einen Haltepunkt setzen und das Programm mit <F9> erneut starten. Die Ausführung wird bei Erreichen des Haltepunktes automatisch unterbrochen. Prüfen Sie nun die Variable, die zuvor den Laufzeitfehler verursacht hat mit <Control-F4>. Hierdurch haben Sie die Möglichkeit, den Wert der Variablen zu verändern. Mit der Taste <F7> können Sie nun den nächsten Befehl ausführen lassen. Tritt nun kein Fehler mehr auf, haben Sie die Ursache gefunden und können den Quelltext entsprechend verändern. Dann beginnt das Debuggen von vorne.

Ein Debugger kann jedoch nicht jeden Fehler abfangen. So kann es bei gravierenden Fehlern dazu kommen, daß der Rechner abstürzt. Hier hilft dann nur:

Ausschalten - Einschalten - Debugger erneut starten

Die zuletzt genannte Fehlerart taucht übrigens häufig in Assemblerprogrammen auf (siehe Kapitel 7.3). Nachdem Sie das Programm erneut in den Debugger geladen haben, sollten Sie nun versuchen, den Fehler einzukreisen. Hierzu gibt es mehrere Wege: Entweder Sie arbeiten das Programm in Einzelschrittmodus mit Hilfe der Taste <F7> ab, wobei immer nur ein Befehl beziehungsweise eine Programmzeile ausgeführt wird. Der zweite Weg besteht in der Anwendung der Taste <F8>, wodurch ein Unterprogramm mit normaler Geschwindigkeit ausgeführt wird und das Programm nach dem Unterprogrammaufruf erneut anhält. Die letzte Alternative bietet die Taste <F4>, die das Programm bis zur aktuellen Cursorposition ausführen läßt.

Wenn Sie das Programm anhand der oben beschriebenen Checkliste überprüft haben, ist es schwer zusagen, wo die Fehlerursache zu suchen ist. Man muß sich immer wieder Gedanken darüber machen, welche Programmpassage unter Umständen kritisch sein kann. Die Methodik der Fehlersuche ist im Grunde eine Erfahrungssache. Je mehr Programme man entwanzt hat, desto schneller entwickelt man Ideen, an welcher Stelle eines Programmes Fallstricke zu vermuten sind.

Sollten Sie sicher sein, daß an jeder Stelle die korrekten Anweisungen eingesetzt sind, bleibt Ihnen nichts anderes übrig, als den verwendeten Algorithmus zu überprüfen. Ferner müssen Sie alle Registerinhalte und die verwendeten Werte im Datenbereich einzeln zu kontrollieren, ob dort die jeweils zu erwartenden Inhalte zu finden sind.

Anhang

A Befehlssatz der 80x86-Prozessoren

In diesem Abschnitt erhalten Sie einen Überblick über den Befehlssatz, der Ihnen im im *Real Mode* zur Verfügung steht. Dabei wurde eine Gruppierung nach dem Einsatzbereich vorgenommen. Eine alphabetische Übersicht einschließlich den sogenannten *Opcodes* finden Sie beispielsweise in meinem Buch *Assembler griffbereit*. Die Befehle für den sogenannten *Protected Mode*, der ab dem Prozessortyp *80286* möglich ist, habe ich hier nicht aufgeführt, da sich die Art der Programmierung in dieser Betriebsart wesentlich von der in MS-DOS-Umgebung unterscheidet.

Erläuterung der Tabellen

Die Tabellen auf den folgenden Seiten sind nach diesem Muster aufgebaut:

Befehl	86	O	D	I	T	S	Z	A	P	C	Beschreibung	Aufruf

Die Spalte Befehl gibt die mnemonische Bezeichnung wieder, die in Spalte Beschreibung kurz erläutert wird. Ein '*' in der Spalte 86 weist darauf hin, daß dieser Befehl auch für 8086-Prozessoren zur Verfügung steht. Sollte das entsprechende Feld leer sein, kann der Befehl erst ab dem 80186 eingesetzt werden. Ein '+' an dieser Stelle besagt, daß der Befehl erst ab Rechner mit einer 80386-CPU verwendet werden kann.

Die folgenden neun Spalten beschreiben die Wirkung des Befehls auf die Steuerflags der CPU.

Symbol	Wirkung nach Operation
(leer)	keine Veränderung
?	undefiniert
+	Änderung entsprechend dem Ergebnis
0	immer gelöscht
1	immer gesetzt

Die letzte Spalte Aufruf zeigt die Syntax des Befehls. Sofern nichts anderes angegeben ist, sind die Operationen für Byte-, Wort- und Doppelwort-Operanden (ab 80386) verfügbar.

Symbol	Bedeutung
r	Register
m	Speicheradresse
c	Konstante
rel	relative Adresse
(Zahl)	Anzahl der Bytes

A.1 Datentransport

Register

Bevor Daten verändert werden können, müssen diese erst einmal in ein CPU-Register übertragen werden. Hierfür wird der Befehl MOV eingesetzt, der dafür sorgt, daß Speicher- oder Registerinhalte kopiert werden. Dieser Befehl taucht mit Abstand am häufigsten in Assemblerprogrammen auf und erlaubt auch das Ändern der Segmentregister (mit Ausnahme des CS-Registers).

Befehl	86	O	D	I	T	S	Z	A	P	C	Beschreibung	Aufruf
mov	* *										Daten übertragen	mov r/m, c mov r/m, m/r
movsx	+ + +										Datum holen und auf nächstgrößeren Datentyp mit Vorzeichen erweitert in ein Register kopieren	movsx r2, r1/m1 movsx r4, r1/m1 movsx r4, r2/m2
movzx	+ + +										Datum holen und auf nächstgrößeren Datentyp ohne Vorzeichen erweitert in ein Register kopieren	movzx r2, r1/m1 movzx r4, r1/m1 movzx r4, r2/m2

Die Befehle MOVSX und MOVZX sind erst ab 80386-Rechnern verfügbar. Sie stellen eine Kombination des MOV-Befehles mit einem Konvertierungsbefehl (s. Anhang A.4) dar, wobei MOVSX das Vorzeichen der Quelle behält und MOVZX diese löscht.

Für den Zugriff auf beliebige Daten ist es notwendig, Segmentregister verändern zu können. INTEL erlaubt bei seinen Prozessoren einen direkten Zugriff jedoch nur auf das DS- und das ES-Register. Sollen andere Segmentregister manipuliert werden, kann dies nur über den Befehl MOV erreicht werden. Ferner muß des Öfteren der Offset innerhalb eines Segments berechnet werden, um ihn in ein Indexregister speichern zu können. Für diese Funktionen werden die Ladebefehle eingesetzt.

Befehl	86	O	D	I	T	S	Z	A	P	C	Beschreibung	Aufruf
lea	*										Effektive Adresse laden	lea r2, m
lds	*										Lade DS mit Segment-adresse und Register mit Adressenoffset	lds r2, m
les	*										Lade ES mit Segment-adresse und Register mit Adressenoffset	les r2, m
lfs	+ +										Lade FS mit Segment-adresse und Register mit Adressenoffset	lfs r2, m lfs r4, m
lgs	+ +										Lade GS mit Segment-adresse und Register mit Adressenoffset	lgs r2, m lgs r4, m
lss	+ +										Lade SS mit Segment-adresse und Register mit Adressenoffset	lss r2, m lss r4, m

Hardware

Wenn es darum geht, Daten explizit von der Peripherie zu holen oder dorthin zu übertragen, müssen gesonderte Befehle eingesetzt werden. Das hat unter anderem damit zu tun, daß in solchen Fällen auf die unterschiedlich schnelle Zusatzhardware gewartet werden muß. Um dabei alle Abläufe gesichert steuern zu können, haben die INTEL-Ingenieure ein bestimmtes Ablaufprotokoll eines derartigen Datentransportes vorgesehen, das durch die Befehle IN und OUT aufgerufen wird.

Befehl	86	O	D	I	T	S	Z	A	P	C	Beschreibung	Aufruf
in	* * + * * +										Daten von Port einlesen	in al, cl in ax, cl in eax, cl in al, dx in ax, dx in eax, dx
out	* * + * * +										Daten auf Port ausgeben	out cl, al out cl, ax out cl, eax out dx, al out dx, ax out dx, eax

Beachten Sie, daß bei diesen Befehlen immer nur der Akkumulator die Daten beinhaltet, während DX die Zieladresse enthält. Möchten Sie die Zieladresse direkt angegeben, darf diese jedoch nur 1 Byte lang sein. Weitere Möglichkeiten, einen Datenaustausch mit der Hardware vorzunehmen, finden Sie im Abschnitt A.8 über *Stringoperationen*.

A.2   Arithmetische Operationen

A.2.1   Addition

Die Addition auf Assemblerebene wird in zwei Fälle unterschieden: Die Addition mit oder ohne Übertragsbit. Durch die Addition zweier Zahlen kann es vorkommen, daß ein Übertrag aus der höchstwertigsten Bitstelle heraus entsteht; dieser wird im Übertragsflag (Carry-Flag) gespeichert. Der Befehl ADC erlaubt es nun bei einer nachfolgenden Addition den Zustand dieses Flags zu berücksichtigen, indem dieses Bit zum Zieloperanden zusätzlich addiert wird.

Der Befehl INC wird eingesetzt, um den Inhalt eines Registers oder einer Speicherstelle um 1 zu erhöhen. Beachten Sie, daß bei dieser Addition das Übertragsbit nicht verändert wird.

Befehl	86	O	D	I	T	S	Z	A	P	C	Beschreibung	Aufruf
adc	* *	+					+	+	+	+	+	Addition mit Übertragsbit	adc r/m, c adc r/m, m/r

Befehl	86	O	D	I	T	S	Z	A	P	C	Beschreibung	Aufruf
add	* *	+					+	+	+	+	+	Addition	add r/m, c add r/m, m/r
inc	*	+					+	+	+	+		Um 1 erhöhen	inc r/m

A.2.2 Subtraktion

In Analogie zur Addition ist auch die Subtraktion unter Berücksichtigung des Carry-Flags, das zusätzlich vom Zieloperanden abgezogen wird, möglich.

Befehl	86	O	D	I	T	S	Z	A	P	C	Beschreibung	Aufruf
sbb	* *	+					+	+	+	+	+	Subtraktion mit Übertragsbit	sbb r/m, c sbb r/m, m/r
sub	* *	+					+	+	+	+	+	Subtraktion	sub r/m, c sub r/m, m/r
dec	*	+					+	+	+	+		Um 1 vermindern	dec r/m

A.2.3 Multiplikation

Wie im richtigen Leben, so ist auch bei der Punktrechnung innerhalb eines Maschinenprogrammes das Vorzeichen der Operanden zu beachten. Für diesem Fall steht der Befehl IMUL zur Verfügung. Geben Sie nur einen Operanden an, so wird die Multiplikation implizit mit dem AL-, AX- oder EAX-Register durchgeführt in Abhängigkeit von der Bitbreite des Operanden. Die vorzeichenlose Multiplikation wird durch MUL ausgeführt.

Befehl	86	O	D	I	T	S	Z	A	P	C	Beschreibung	Aufruf
imul	* * * + +	+					?	?	?	?	+	Vorzeichenbehaftete Multiplikation	imul r1/m1 imul r2/m2 imul r2/m2, c imul r4/m4, r4/m4 imul r4/m4, c
mul	* +	+					?	?	?	?	+	Vorzeichlose Multiplikation von AL oder AX bzw. EAX	mul al, r1/m1 mul ax, r2/m2 mul eax, r4/m4

Bei Multiplikationen zweier Wort-Operanden erreicht man sehr schnell ein Ergebnis, daß länger als 16-Bit ist. In diesem Fall wird das höherwertige Wort in das DX-Register geschrieben; für 32-Bit-Operationen auf einem 80386 findet das EDX-Register Verwendung.

A.2.4 Division

Sinngemäß gilt für die Division das gleiche, wie für die Multiplikation. Da das Ergebnis dieser Operation sehr schnell einen Dezimalbruch liefern würde, wird der Quotient im AX-Register, der ganzzahlige Rest im DX-Register gespeichert. Auch hier wird die implizite Adressierung des Akkumulators bei nur einer Operandenangabe eingesetzt.

Befehl	86	O	D	I	T	S	Z	A	P	C	Beschreibung	Aufruf
idiv	* * +	+				?	?	?	?	?	Vorzeichenbehaftete Division	idiv r1/m1 idiv ax, r2/m2 idiv eax, r4/m4
div	* * +	+				?	?	?	?	?	Vorzeichlose Division von AL oder AX bzw. EAX	div r1/m1 div ax, r2/m2 div eax, r4/m4

A.2.5 Negation

Oft ist es notwendig, das Vorzeichen einer Zahl zu invertieren. Da aber in der Assemblerprogrammierung eine negative Zahl immer in Form der Zweier-Komplement-Darstellung verwendet wird, stellt der Befehl NEG den vollständigen Umwandlungs-algorithmus zur Verfügung.

Befehl	86	O	D	I	T	S	Z	A	P	C	Beschreibung	Aufruf
neg	*	+				+	+	+	+	+	Zweier-Komplement bilden	neg r/m

A.2.6 Korrekturbefehle

Die Korrektur-Befehle, die mit einem 'A' beginnen, dienen dem Anpassen von zwei ungepackten Binärzahlen im BCD-Format an das ASCII-Format und umgekehrt. *BCD* steht für *binary coded decimal* und bedeutet, daß eine Ziffer von 0 bis 9 (0000 bis 1001) in einer Hälfte eines Bytes gespeichert ist; alle anderen Binärkombinationen gelten als illegal. Als *ungepackt* werden BCD-Zahlen in einem 8-Bit-Register bezeichnet, wenn nur die niederwertigen vier Bit (Low-Nibble) die Information enthalten, während die höherwertigen vier Bit (High-Nibble) bedeutungslos sind. Sinnvollerweise enthalten *gepackte* BCD-Zahlen in einem 8-Bit-Register jeweils zwei BCD-Ziffern. Das ASCII-Format sieht vor, daß alle Bits innerhalb eines Datums beliebig gesetzt sein dürfen und vollständig in die Wertigkeit eingehen.

Der Operand und das Ergebnis nach dem Aufruf dieser Befehle steht immer im AX-Register. Der Befehl AAD wird *vor* einer Division ausgeführt und wandelt zwei ungepackte BCD-Ziffern in eine ASCII-Zahl um. Die übrigen drei Operationen werden *nach* der jeweiligen Rechenart zur Umwandlung in das ungepackte BCD-Format eingesetzt.

Ein Beispiel veranschaulicht die Wirkung eines Korrekturbefehls: Mit dem Wert 265h in AX und 39h in BL führt der Befehl

```
add al, bl   ; AL := AL + BL
```

zum Ergebnis 29Eh im Akkumulator. Handelt es sich bei den Anfangswerte um ungepackte BCD-Zahlen, muß nun noch der Befehl AAA folgen, um das ungepacktes BCD-Ergebnis 304h in AX zu erhalten. Eine Überprüfung zeigt, das dieses Ergebnis richtig ist:

```
265h   → ungepackte BCD-Zahl   → '2' und '5' sind signifikant
 39h   → ungepackte BCD-Zahl   → '9' ist signifikant

       → 25 + 9 = 34 → AH = 3, AL = 4
```

Addieren Sie noch 30h zu AH bzw. AL, stehen dort die ASCII-Codes für die Ziffern '3' und '4'.

Befehl	86	O	D	I	T	S	Z	A	P	C	Beschreibung	Aufruf
aaa	*	?					?	?	+	?	+	ASCII-Korrektur nach Addition	aaa
aad	*	?					+	+	?	+	?	ASCII-Korrektur vor Division	aad
aam	*	?					+	+	?	+	?	ASCII-Korrektur nach Multiplikation	aam
aas	*	?					?	?	+	?	+	ASCII-Korrektur nach Subtraktion	aas
daa	*	?					+	+	+	+	+	Dezimal-Korrektur nach Addition	daa
das	*	?					+	+	+	+	+	Dezimal-Korrektur nach Subtraktion	das

Wenn zwei gepackte BCD-Zahlen in AL als Ergebnis einer Addition bzw. Subtraktion geliefert werden, wird das AL-Register durch den Befehl DAA beziehungsweise DAS so korrigiert, daß das Register wieder zwei gepackte BCD-Zahlen beinhaltet. Ein Beispiel soll dies verdeutlichen:

Befindet sich in AL der Wert 14h (= 20) und BL der Wert 28h (= 40), so ist nach dem Befehl

```
add al, bl  ; AL := AL + BL
```

das Ergebnis 3Ch im AL-Register zu finden. Dies entspricht genau dem erwarteten Wert, wenn die Ausgangswerte als Dualzahlen interpretiert werden. Betrachtet man diese Zahlen jedoch als BCD-Zahlen, die miteinander addiert werden sollen, stimmt das Ergebnis noch nicht, denn das Low-Nibble von AL enthält eine Zahl, die keine BCD-Zahl ist. Erst nach dem Befehl DAA enthält AL den gepackten BCD-Wert 42h (BCD-Arithmetik: 14 + 28 = 42).

A.3 Bit-orientierte Operationen

Logische Operationen

Zu den Operationen, die sich nur auf einzelne Bits auswirken, zählen insbesondere logische Operationen entsprechend den Festlegungen der Boolschen Algebra, wobei der erste Operand bitweise mit dem zweiten Operanden verknüpft wird. Der Befehl TEST veranlaßt die CPU, die angegebenen Operanden mit einem logischen UND zu verknüpfen. Das Ergebnis wird jedoch nicht abgespeichert, sondern es werden nur die entsprechenden Flags verändert.

Befehl	86	O	D	I	T	S	Z	A	P	C	Beschreibung	Aufruf
and	* *	0				+	+	?	+	0	logisches UND	and r/m, c and r/m, m/r
not	*										logische Negierung	not r/m
or	* *	0				+	+	?	+	0	logisches ODER	or r/m, c or r/m, m/r
xor	* *	0				+	+	?	+	0	logisches exklusives ODER	xor r/m, c xor r/m, m/r
test	* *	0				+	+	?	+	0	logischer Vergleich	test r/m, c test r/m, m/r

Bits suchen

Seit der Einführung des 80386-Prozessors können auch einzelne Bits gezielt untersucht beziehungsweise verändert werden. Bei diesen Befehlen steht im zweiten Operanden der Offset des gesuchten Bits, das im ersten Operanden gespeichert ist. Dieser Offset wird von rechts nach links, beginnend mit Null gezählt.

Befehl	86	O	D	I	T	S	Z	A	P	C	Beschreibung	Aufruf
bsf	+ +						+				Bitsuche vorwärts	bsf r/m, c bsf r/m, m/r
bsr	+ +						+				Bitsuche rückwärts	bsr r/m, c bsr r/m, m/r
bt	+ +									+	Bit prüfen	bt r/m, c bt r/m, m/r
btc	+ +									+	Bit prüfen und komplementieren	btc r/m, c btc r/m, m/r
btr	+ +									+	Bit prüfen und zurücksetzen	btr r/m, c btr r/m, m/r
bts	+ +									I	Bit prüfen und setzen	bts r/m, c bts r/m, m/r

Die vier Operationen zum Prüfen einzelner Bits speichern das Ergebnis der Prüfung im Carry-Flag. Die Veränderung des Bits erfolgt im jeweiligen Zieloperanden.

Rotationsbefehle

Durch eine Rotation eines Registers oder einer Speicherstelle werden die Bits nach links oder rechts verschoben. Die Anzahl der Positionen, um die rotiert werden soll, kann entweder eine Konstante sein oder über das CL-Register angegeben werden. Das Bit, das beim Rechtsrotieren mittels ROR an der Bit-Position 0 «herausfällt», wird an der höchstwertigsten Position wieder eingefügt. Beim Linksschieben mit ROL erfolgt das Einfügen des höchstwertigsten Bits an der Position 0. Eine Kopie des «herausgefallenen» Bits wird im Carry-Flag abgelegt. Setzen Sie die Befehle RCR bzw. RCL ein, wird dieses Bit in das Carry-Flag übertragen, nachdem zunächst das Carry-Flag an der freigewordenen Position eingefügt wurde.

Befehl	86	O	D	I	T	S	Z	A	P	C	Beschreibung	Aufruf
rcl	* *	+									+	Links rotieren durch das Carry-Flag	rcl m/r, 1 rcl m/r, CL rcl m/r, cl
rcr	* *	+									+	Rechts rotieren durch das Carry-Flag	rcr m/r, 1 rcr m/r, CL rcr m/r, cl
rol	* *	+									+	Links rotieren	rol m/r, 1 rol m/r, CL rol m/r, cl
ror	* *	+									+	Rechts rotieren	ror m/r, 1 ror m/r, CL ror m/r, cl

Schiebebefehle

Schiebebefehle setzt man ein, um die Bits eines Datums um eine oder mehrere Positionen nach links beziehungweise rechts zu verschieben. Durch ein Linksschieben kann man so sehr leicht eine Dualmultiplikation mit Potenzen von 2 realisieren. Durch Rechtsschieben wird eine Zahl durch 2 dividiert.

```
0110 1101b (109) →  einmal links schieben  →  1101 1010b (218)
```

Die Anzahl der Positionen, um die das Datum verschoben werden soll, wird entweder direkt als Konstante oder über das CL-Register angegeben. Das Bit, das je nach Richtung links oder rechts frei wird, wird durch den Inhalt des Carry-Flags aufgefüllt. Möchten Sie also, daß diese Positionen mit einer Null aufgefüllt werden, müssen Sie vor der Schiebeoperation dem Befehl CLC eingeben. Das Bit, das auf der anderen Seite «herausfällt», wird anschließend in das Carry-Flag übertragen.

Befehl	86	O	D	I	T	S	Z	A	P	C	Beschreibung	Aufruf
sal	* *	+				+	+	?	+	+		Links verschieben	sal m/r, 1 sal m/r, CL sal m/r, cl
sar	* *	+				+	+	?	+	+		Rechts verschieben	sar m/r, 1 sar m/r, CL sar m/r, cl
shl	* *	+				+	+	?	+	+		Links verschieben	shl m/r, 1 shl m/r, CL shl m/r, cl

Befehl	86	O	D	I	T	S	Z	A	P	C	Beschreibung	Aufruf
shr	* *	+				+	+	?	+	+	Rechts verschieben	shr m/r, 1 shr m/r, CL shr m/r, cl

A.4 Konvertierungsbefehle

Manchmal ist es notwendig, einen Datentyp in einen anderen umzuwandeln, zum Beispiel ein Byte in ein Wort. Für diesen Fall lassen sich standardmäßig vorhandene Konvertierungsbefehle einsetzen. Es ist allerdings immer nur eine Umwandlung in den nächstgrößeren Typ möglich, da jeweils das höchstwertige Bit der Quelle in das High-Byte, High-Word bzw. High-Doubleword kopiert wird. Die folgenden Befehle arbeiten implizit mit dem AL-, dem AX-Register oder dem EAX-Register.

Befehl	86	O	D	I	T	S	Z	A	P	C	Beschreibung	Aufruf
cbw	*										Konvertierung BYTE → WORD (AL → AX)	cbw
cdq	+										Konvertierung DWORD → QWORD (EAX → EDX:EAX)	cdq
cwd	*										Konvertierung WORD → DWORD (AX → DX:AX)	cwd
cwde	+										Konvertierung WORD → DWORD (AX → EAX)	cwde

A.5 Flagsteuerung

Der Zugriff auf einzelne Flags innerhalb des Prozessor-Status-Wortes ist immer dann, notwendig, wenn die Steuerung des Programmes unabhängig von den Daten erfolgen soll. Durch einen 1-Byte-Befehl können das Carry-, das Direction- oder das Interrupt-Enable-Flag geändert werden.

Befehl	86	O	D	I	T	S	Z	A	P	C	Beschreibung	Aufruf
clc	*									0	Carry-Flag löschen	clc
cld	*		0								Direction-Flag löschen	cld
cli	*			0							Interrupt-Flag löschen	cli
stc	*									1	Carry-Flag setzen	stc
std	*		1								Direction-Flag setzen	std
sti	*			1							Interrupt-Flag setzen	sti
cmc	*									+	Carry-Flag umdrehen	cmc

Durch das Löschen des Interrupt-Flags werden externe Interrupts bis zum nächsten STI gesperrt. Externe Interrupts sind Anforderungen von PC-Karten an die CPU, die durch ein Signal auf einer speziellen Hardware-Leitung ausgelöst werden. Da zu diesen Karten auch die Grafikkarte zählt, sollten Sie das Freigeben der INTR-Leitung durch STI nie vergessen.

Ein zweiter Weg, das PSW zu beeinflussen, ist die Befehlskombination LAHF/SAHF. Dabei werden die Bits 0 bis 7 in das AH-Register übertragen, können dort verändert und anschließend zurückgeschrieben werden. Die Reihenfolge der Bits im AH-Register lautet: SZxAxPxC (x: ohne Bedeutung).

Befehl	86	O	D	I	T	S	Z	A	P	C	Beschreibung	Aufruf
lahf	*										Flags nach AH laden	lahf
sahf	*					+	+	+	+	+	AH in PSW speichern	sahf

A.6   Sprungbefehle

Unbedingter Sprung

Die wichtigsten Befehle, um den Programmablauf zu steuern sind die Sprungbefehle. Sobald der Prozessor auf einen solchen Befehl trifft, wird das Programm an die angegebene Stelle verzweigt. Der Befehl JMP veranlaßt einen unbedingten Sprung.

Befehl	86	O	D	I	T	S	Z	A	P	C	Beschreibung	Aufruf
jmp	* * + * + + +										Verzweigung	jmp rel1 jmp rel2 jmp rel4 jmp r2/m2 jmp r4/m4 jmp ptr2:2 jmp ptr2:4

Die Angabe des Sprungzieles erfolgt im Quelltext als Label. Der Assembler berechnet hieraus die Distanz in Byte als Zweier-Komplement-Zahl zwischen der Zieladresse und dem aktuellen Stand des Befehlszählers. Dieser zeigt immer auf den nächsten auszuführenden Befehl. Wenn diese Distanz in ein Byte paßt, wird der Befehlscode für JMP rel1 eingesetzt. Ist sie 16 Bit lang, erfolgt die Kodierung nach JMP rel2. Bei 80386-Prozessoren ist auch noch ein 32-Bit-Abstand möglich (JMP rel4). Die Befehlskombinationen, in denen ein Register oder eine Speicherstelle angegeben werden, ermitteln die Adresse aus dem Inhalt dieses Registers bzw. dieser Speicherstelle.

Interessant sind die Zeiger-Sprünge, wobei der Operand des Befehls einen 4-Byte- oder einen 6-Byte-Zeiger beinhaltet. Diese Sprünge verändern immer den Inhalt des CS-Registers und lassen somit eine Verzweigung zu anderen Codesegmenten zu.

```
jmp DWORD PTR NextCSeg:NextOfs
```

Bedingter Sprung

Für die bedingten Sprünge ist es Voraussetzung, daß die einzelnen Flags einen bestimmten Zustand aufweisen. Da insbesondere der MOV-Befehl diese Flags nicht verändert, sollte auf jeden Fall ein Vergleich vorausgehen.

Befehl	86	O	D	I	T	S	Z	A	P	C	Beschreibung	Aufruf
cmp	* *	+				+	+	+	+	+	Vergleiche zwei Operanden	cmp r/m, c cmp r/m, r/m

Erst dann kann man sicher sein, daß sich die nachfolgenden Sprünge auf ein definiertes Ereignis beziehen.

Befehl	86	O	D	I	T	S	Z	A	P	C	Beschreibung	Aufruf
ja	*						=0			=0	Springe, wenn größer (C=0 und Z=0)	ja rel

Befehl	86	O	D	I	T	S	Z	A	P	C	Beschreibung	Aufruf
jae	*										=0	Springe, wenn größer gleich (C=0)	jae rel
jb	*										=1	Springe, wenn kleiner (C=1)	jb rel
jbe	*							=1			=1	Springe, wenn kleiner gleich (C=1 oder Z=1)	jbe rel
jc	*										=1	Springe, wenn C=1	jc rel
jcxz	*											Springe, wenn CX-Register gleich Null	jcxz rel
jecxz	+											Springe, wenn ECX-Register gleich Null	jecxz rel
je	*							=0				Springe, wenn gleich (Z=0)	je rel
jg	*						=O	=0				Springe, wenn größer (Z=0 und S=OF)	jg rel
jge	*						=O					Springe, wenn größer gleich (S=OF)	jge rel
jl	*						≠O					Springe, wenn kleiner (S≠OF)	jl rel
jle	*						≠O	=1				Springe, wenn kleiner gleich (Z=1 und S≠OF)	jle rel
jna	*							=1			=1	Springe, wenn nicht größer (C=1 oder Z=1)	jna rel
jnae	*										=1	Springe, wenn nicht größer gleich (C=1)	jnae rel
jnb	*										=0	Springe, wenn nicht kleiner (C=0)	jnb rel
jnbe	*							=0			=0	Springe, wenn nicht kleiner gleich (C=0 und Z=0)	jnbe rel
jnc	*										=0	Springe, wenn C=0	jnc rel
jne	*							=0				Springe, wenn ungleich (Z=0)	jne rel
jng	*						≠O	=1				Springe, wenn nicht größer (Z=1 oder S≠OF)	jng rel
jnge	*						≠O					Springe, wenn nicht größer gleich (S≠OF)	jnge rel
jnl	*						=O					Springe, wenn nicht kleiner (S=OF)	jnl rel

Befehl	86	O	D	I	T	S	Z	A	P	C	Beschreibung	Aufruf
jnle	*					=O	=0				Springe, wenn nicht kleiner gleich (Z=0 und S=OF)	jnle rel
jno	*	=0									Springe, wenn kein Überlauf (O=0)	jno rel
jnp	*								=0		Springe, wenn keine Parität (P=0)	jnp rel
jns	*					=0					Springe, wenn kein Vorzeichen (S=0)	jns rel
jnz	*						=0				Springe, wenn ungleich Null (Z=0)	jnz rel
jo	*	=1									Springe, wenn Überlauf (O=1)	jo rel
Jp	*								=1		Springe, wenn Parität (P=1)	jp rel
jpe	*								=1		Springe, wenn Parität gerade (P=1)	jpe rel
Jpo	*								=0		Springe, wenn Parität ungerade (P=0)	jpo rel
js	*					=1					Springe, wenn Vorzeichen (S=1)	js rel
jz	*						=1				Springe, wenn gleich Null (Z=1)	jz rel

Für die Angabe der Sprungdifferenz setzt der Assembler bei Prozessoren bis einschließlich 80286 1- oder 2-Byte-Distanzen ein. Ab 80386 sind an dieser Stelle bis zu 4-Byte-Abstände zulässig. Sollte die damit zu erreichende Entfernung nicht ausreichen, kann durch die Abfrage des komplementären Ereignisses, der interessierende Sprungbefehl durch einen unbedingten Sprung ersetzt werden:

Statt

```
        JE WeitWeg
```

setzen Sie ein:

```
        JNE GleichDahinter
        JMP WeitWeg
GleichDahinter:  ...
```

Wie Sie sehen können, werden bei einer Reihe von Vergleichsbefehlen die gleichen Steuerflags auf die gleichen Bedingungen überprüft. Benutzen Sie dennoch immer den Befehl, der in den Kontext Ihres Programmes paßt. Verwenden Sie den Befehl JB, wenn

Sie auf *kleiner* prüfen wollen, und nicht den Befehl JNC. Sie erleichtern sich dadurch die Wartung Ihres Programmes.

A.7   Unterprogrammaufrufe

Unterprogramme werden mit einem einfachen CALL-Befehl aufgerufen. Das laufende Programm wird daraufhin unterbrochen, der aktuelle Stand des IP-Registers und des CS-Registers (bei «fernen» Unterprogrammen) auf dem Stapel gesichert und zum Unterprogramm verzweigt.

Befehl	86	O	D	I	T	S	Z	A	P	C	Beschreibung	Aufruf
call	* + * + * + * +										Unterprogramm aufrufen	call rel2 call rel4 call r2/m2 call r4/m4 call ptr2:2 call ptr2:4 call m2:2 call m2:4

Beim nächsten RET wird die zuvor auf dem Stapel gesicherte Rücksprungadresse zurückgeholt und das Programm mit dem der CALL-Anweisung folgenden Befehl fortgesetzt.

Befehl	86	O	D	I	T	S	Z	A	P	C	Beschreibung	Aufruf
ret	* *										Rücksprung aus Unterprogramm	ret ret c2

Durch einen optionalen 2-Byte-Operanden kann die CPU veranlaßt werden, vor der Rücksprungadresse eine entsprechende Anzahl von Bytes vom Stapel zu entfernen.

Unterprogramme eines ganz speziellen Typs sind die BIOS- und die MS-DOS-Funktionen, die üblicherweise über einen Software-Interrupt ausgelöst werden.

Befehl	86	O	D	I	T	S	Z	A	P	C	Beschreibung	Aufruf
int	*			0	0						Interrupt-Prozedur aufrufen	int c1
into	*	=1		0	0						Interrupt 4 aufrufen, wenn Overflow	into

Der Befehl INTO entspricht dem Befehl INT 4, wird aber nur dann ausgeführt, wenn das Overflow-Flag gesetzt ist.

Der Rücksprung aus einer Interrupt-Routine erfolgt über die Anweisung IRET.

Befehl	86	O	D	I	T	S	Z	A	P	C	Beschreibung	Aufruf
iret	*	+	+	+	+	+	+	+	+	+	Rücksprung aus Interrupt-Prozedur	iret
iretd	+	+	+	+	+	+	+	+	+	+	Rücksprung aus Interrupt-Prozedur	iretd

Um Unterprogramme mit Daten zu versorgen, werden die Parameter oft über den Stapel übergeben. Ebenso muß die Möglichkeit existieren, Registerinhalte auf dem Stapel zwischenzuspeichern. Hierzu setzt man PUSH zum Speichern und POP zum Auslesen ein.

Befehl	86	O	D	I	T	S	Z	A	P	C	Beschreibung	Aufruf
push	* +										Register auf Stapel ablegen	push r2 push r4
pusha											Alle Mehrzweckregister auf Stapel ablegen	pusha
pushad	+										Alle 32-Bit-Mehrzweckregister auf Stapel ablegen	pushad
pushf	*										PSW auf Stapel ablegen	pushf
pushfd	+										EFLAG-Register auf Stapel ablegen	pushfd
pop	* +										Register vom Stapel holen	pop r2 pop r4
popa											Alle Mehrzweckregister vom Stapel holen	popa
popad	+										Alle 32-Bit-Mehrzweckregister vom Stapel holen	popad
popf	*										PSW vom Stapel holen	popf
popfd	+										EFLAG-Register vom Stapel holen	popfd

Zur Adressierung vom Parametern auf dem Stapel wird im Allgemeinen das BP-Register eingesetzt. Um dieses auf den letzten Parameter zu initialisieren, kann die Befehlsfolge

```
push bp
mov  bp, sp
```

verwendet werden. Am Ende der Prozedur muß der Buffer-Pointer wieder auf den ursprünglichen Wert zurückgesetzt werden.

```
pop  bp
ret  <Parameterzahl>
```

Durch den Einsatz der folgenden Befehle kann dieser Vorgang wesentlich vereinfacht werden: ENTER speichert das BP-Register auf dem Stapel und setzt es als Zeiger auf den letzten Parameter. Dabei gibt der erste Operand die Zahl der Parameter-Bytes an. Der zweite Operand steht für die Verschachtelungstiefe von Prozeduren (0 bis 31). Die Anweisung LEAVE sorgt dafür, daß das BP-Register wieder den Inhalt vor der Prozedur enthält. Die darauffolgende Rücksprunganweisung RET <Parameterzahl> entfernt die Parameter vom Stapel.

Befehl	86	O	D	I	T	S	Z	A	P	C	Beschreibung	Aufruf
enter											Stack-Frame anlegen	enter c2,c1
leave											Stack-Frame freigeben	leave

A.8 Stringoperationen

Die Stringoperationen erlauben es dem Programmierer, ganze Speicherbereiche mit einer einheitlichen Datenstruktur unter Einsatz weniger Befehle zu bearbeiten. Hierfür stehen die Funktionen Laden, Speichern, Vergleichen, Kopieren, Einlesen von einem Port und Ausgabe auf einem Port bereit, die entsprechend dem Wert im CX-Register mehrfach ausgeführt werden können.

Bei diesen Funktionen werden die Quell- und die Zieloperanden, die bis zu zwei Byte (ab 80386: 4 Byte) lang sein dürfen, über die Indexregister adressiert. Dabei zeigt die Registerkombination DS:SI auf die Quelle und ES:DI auf das Ziel der Operation. Bei gesetztem Direction-Flag wird nach einem Lesezugriff das SI-Register um die Größe der Daten in Byte erhöht; so wird automatisch das nächste Stringelement adressiert. Das gleiche gilt bei Schreiboperationen mit dem DI-Register. Sollte das Direction-Flag nicht gesetzt sein, werden die Indexregister entsprechend vermindert.

Befehl	86	O	D	I	T	S	Z	A	P	C	Beschreibung	Aufruf
cmps	* * * +	+					+	+	+	+	+	Stringoperanden vergleichen	cmps m,m cmpsb cmpsw cmpsd
lods	* * * +											Stringoperanden in Akkumulator laden	lods m lodsb lodsw lodsd
movs	* * * +											String nach String kopieren	movs m,m movsb movsw movsd
scas	* * * +	+					+	+	+	+	+	Stringoperand mit Akkumulator vergleichen	scas m scasb scasw scasd
stos	* * * +											Akkumulator in String speichern	stos m stosb stosw stosd
ins	 +											String von Port einlesen	ins r/m, dx insb insw insd
outs	 +											String auf Port ausgeben	outs dx, m outsb outsw outsd

Vergleiche mit CMPS erfolgen durch Subtraktion des zweiten Operanden, der über DS:SI adressiert wird, vom ersten Operanden (ES:DI). Hierbei wird die INTEL-Konvention umgekehrt! Das Ergebnis der Vergleichsoperationen wird nicht gespeichert, sondern es werden nur die entsprechenden Flags verändert.

Die Befehle LODS und STOS benutzen je nach Datentyp das AL-, AX- oder EAS-Register.

Alle Befehle können durch den Zusatz 'B' für Byte, 'W' für Word oder 'D' für Doubleword (80386) abgekürzt werden. Hierdurch wird der Datenzugriff und die Distanz zum nächsten Stringelement festgelegt, mit der die Indexregister in- bzw. dekrementiert werden. Implizit verwendete Register (AX bei SCAS und STOS, DX bei INS und OUTS) müssen vorher gesetzt sein. Fehlt der Zusatzbuchstabe wird der Datentyp aus der Art der Datendefinition im Datensegment ermittelt.

Interessant werden diese Befehle durch den Vorsatz REP. Dann wird der Befehl ausgeführt, die Indexregister aktualisiert und der Schleifenzähler CX um 1 vermindert. Entsprechend der Abbruchbedingung erfolgt die Ausführung bis das Zero-Flag nach der Dekrementierung von CX den gewünschten Zustand besitzt.

Befehl	86	O	D	I	T	S	Z	A	P	C	Beschreibung	Aufruf
rep ins											Daten von Port ein-lesen	rep ins m, dx
rep movs	*										Daten kopieren	rep movs m
rep outs											Daten auf Port ausgeben	rep outs dx, m
rep stos	*										Daten mit Inhalt von AX beschreiben	rep stos m
repe cmps	*						+				Daten vergleichen bis ungleich	repe cmps m
repe scas	*						+				Daten mit AX vergleichen bis ungleich	repe scas m
repne cmps	*						+				Daten vergleichen bis gleich	repne cmps m
repne scas	*						+				Daten mit AX vergleichen bis gleich	repne scas m

Der Befehl REP ist bei allen Stringoperationen einsetzbar, in denen kein Datenvergleich ausgeführt wird. Bei Vergleichsoperationen wird durch den Zusatz 'E' bzw. 'NZ' auf ein gelöschtes Zero-Flag getestet. 'NE' und 'Z' brechen die Schleife bei gesetztem Zero-Flag ab.

A.9   Schleifensteuerung

Wenn eine Block von Assembleranweisungen für eine bestimmte Anzahl von Durchläufen ausgeführt werden soll, eignet sich der Einsatz des CX-Register als Schleifenzähler. Dieser wird vor dem Beginn der Schleife auf einen Anfangswert gesetzt. Am Ende der Schleife wird durch den Befehl LOOP erreicht, daß das CX-Register um 1 dekrementiert wird; anschließend wird das Ergebnis auf Null überprüft. Ist es ungleich Null, wird zum angegeben Label (Schleifenanfang) verzweigt; ansonsten wird mit dem nächsten Befehl fortgefahren. Durch einen Zusatz ('E', 'Z', 'NE', 'NZ') kann das Schleifenende zusätzlich vom Zustand des Zero-Flags abhängig gemacht werden.

Befehl	86	O	D	I	T	S	Z	A	P	C	Beschreibung	Aufruf
loop	*										CX dekrementieren und zum Label verzweigen, wenn CX≠0	loop rel1
loope	*						=1				CX dekrementieren und zum Label verzweigen, wenn CX≠0 und Z=1	loope rel1
loopne	*						=0				CX dekrementieren und zum Label verzweigen, wenn CX≠0 und Z=0	loopne rel1
loopz	*						=1				CX dekrementieren und zum Label verzweigen, wenn CX≠0 und Z=1	loopz rel1
loopnz	*						=0				CX dekrementieren und zum Label verzweigen, wenn CX≠0 und Z=0	loopnz rel1

Die Sprungdistanz der Verzweigung wird in Analogie zu dem bedingten Sprüngen als Zweier-Komplementzahl angegeben.

A.10 Weitere Operationen

Inhalte austauschen

Sollen die Inhalte zweier Register oder eines Registers und einer Speicherstelle miteinander getauscht werden, übernimmt dies XCHG ohne zusätzlich deklarierten Platz für die Zwischenspeicherung eines Operanden.

Befehl	86	O	D	I	T	S	Z	A	P	C	Beschreibung	Aufruf
xchg	* * *											Inhalte austauschen	xchg r, r xchg r, m xchg m, r

Übersetzungshilfe

Durch XLAT kann man einzelne Byte vom Prozessor «übersetzen» lassen. Dabei zeigt DS:BX auf die Übersetzungstabelle und das AL-Register als Index auf ein Tabellenelement. Nach Ausführung der Operation befindet sich dieses Element dann im AL-Register. Die Variante XLATB kann dann eingesetzt werden, wenn sich die Tabelle immer in Datensegment befindet.

Befehl	86	O	D	I	T	S	Z	A	P	C	Beschreibung	Aufruf
xlat	*										AL mit dem Inhalt der Tabelle (DS:BX + AL) laden	xlat
xlatb	*											xlatb

Boolesche Variablen

Mit der Entwicklung des 80386 wurden einige neue Befehle eingeführt. Eine dieser neuen Operationen ist die Möglichkeit, ein Byte im Speicher in Abhängigkeit von der Stellung einzelner Flags auf den Wert 1 zu setzen; wird die Bedingung nicht erfüllt, wird das Byte auf 0 gesetzt. Damit sind in Analogie zu Pascal boolesche Variablen eingeführt worden. Turbo-Pascal speichert beispielsweise auch in Variable vom Typ BOOLEAN den Wert 1, wenn diese gleich TRUE (wahr) sein soll.

Befehl	86	O	D	I	T	S	Z	A	P	C	Beschreibung	Aufruf
seta	+								=0		=0	Setze Byte, wenn größer (C=0 und Z=0)	seta r1/m1
setae	+										=0	Setze Byte, wenn größer gleich (C=0)	setae r1/m1
setb	+										=1	Setze Byte, wenn kleiner (C=1)	setb r1/m1
setbe	+							=1			=1	Setze Byte, wenn kleiner gleich (C=1 oder Z=1)	setbe r1/m1
setc	+										=1	Setze Byte, wenn C=1	setc r1/m1
sete	+							=0				Setze Byte, wenn gleich (Z=0)	sete r1/m1
setg	+						=O	=0				Setze Byte, wenn größer (Z=0 und S=OF)	setg r1/m1
setge	+						=O					Setze Byte, wenn größer gleich (S=OF)	setge r1/m1

Befehl	86	O	D	I	T	S	Z	A	P	C	Beschreibung	Aufruf
setl	+					≠O					Setze Byte, wenn kleiner (S≠OF)	setl r1/m1
setle	+					≠O	=1				Setze Byte, wenn kleiner gleich (Z=1 und S≠OF)	setle r1/m1
setna	+						=1			=1	Setze Byte, wenn nicht größer (C=1 oder Z=1)	setna r1/m1
setnae	+									=1	Setze Byte, wenn nicht größer gleich (C=1)	setnae r1/m1
setnb	+									=0	Setze Byte, wenn nicht kleiner (C=0)	setnb r1/m1
setnbe	+						=0			=0	Setze Byte, wenn nicht kleiner gleich (C=0 und Z=0)	setnbe r1/m1
setnc	+									=0	Setze Byte, wenn C=0	setnc r1/m1
setne	+						=0				Setze Byte, wenn ungleich (Z=0)	setne r1/m1
setng	+					≠O	=1				Setze Byte, wenn nicht größer (Z=1 oder S≠OF)	setng r1/m1
setnge	+					≠O					Setze Byte, wenn nicht größer gleich (S≠OF)	setnge r1/m1
setnl	+					=O					Setze Byte, wenn nicht kleiner (S=OF)	setnl r1/m1
setnle	+					=O	=0				Setze Byte, wenn nicht kleiner gleich (Z=0 und S=OF)	setnle r1/m1
setno	+	=0									Setze Byte, wenn kein Überlauf (O=0)	setno r1/m1
setnp	+								=0		Setze Byte, wenn keine Parität (P=0)	setnp r1/m1
setns	+					=0					Setze Byte, wenn kein Vorzeichen (S=0)	setns r1/m1
setnz	+						=0				Setze Byte, wenn ungleich Null (Z=0)	setnz r1/m1
seto	+	=1									Setze Byte, wenn Überlauf (O=1)	seto r1/m1
setp	+								=1		Setze Byte, wenn Parität (P=1)	setp r1/m1
setpe	+								=1		Setze Byte, wenn Parität gerade (P=1)	setpe r1/m1

Befehl	86	O	D	I	T	S	Z	A	P	C	Beschreibung	Aufruf
setpo	+								=0		Setze Byte, wenn Parität ungerade (P=0)	setpo r1/m1
sets	+					=1					Setze Byte, wenn Vorzeichen (S=1)	sets r1/m1
setz	+						=1				Setze Byte, wenn gleich Null (Z=1)	setz r1/m1

Nichts zu tun

Möchte man sich ein Byte im Codesegment ohne symbolische Namensgebung reservieren, hat man die Gelegenheit dies mit dem Befehl NOP zu tun. Im täglichen Gebrauch macht eine solche Anweisung eigentlich keine Sinn. Doch der Compiler selbst generiert diesen Befehl, wenn er auf eine JMP-Anweisung trifft. Im ersten Übersetzungsdurchlauf kann er noch nicht wissen, daß die Sprungdistanz in ein Byte oder in ein Wort paßt: Er reserviert auf jeden Fall erst einmal den Platz für ein Wort. Sollte ein Byte ausreichend sein, wird für das zweite, nicht benötigte Byte der NOP-Befehl eingefügt. Neue Compiler, wie der TASM in der Version 2.0, sind in der Lage, ein Programm von überflüssigen NOPs zu befreien, was die Ausführungsgeschwindigkeit heraufsetzt.

Befehl	86	O	D	I	T	S	Z	A	P	C	Beschreibung	Aufruf
nop											Null-Operation	nop

Multiprozessor-Systeme

Arbeitet man an einem System mit mehreren Prozessoren. muß man den Zugriff auf den gemeinsam genutzten Speicher zeitweise unterbinden können. Hierzu kann mit dem Befehl LOCK eine Steuerleitung des Prozessors beeinflußt werden. In der Praxis dürfte sich nur sehr selten ein Anlaß für den Einsatz dieser Anweisung finden lassen.

Befehl	86	O	D	I	T	S	Z	A	P	C	Beschreibung	Aufruf
lock											LOCK-Signal setzen	lock

Möchte man den Inhalt eines Speicherplatzes einem anderen Prozessor über den Datenbus zur Verfügung stellen, kann dies mit Hilfe des ESC-Befehls geschehen. Aus diesem für den 8086 entworfenen Befehl wurden die Befehle für numerische Koprozessoren entwickelt.

Befehl	86	O	D	I	T	S	Z	A	P	C	Beschreibung	Aufruf
esc											Inhalt einer Speicher-adresse auf dem Daten-bus ausgeben	esc m

Warte mal

Von der Hardware-Umgebung eines Prozessors kann eine Steuerleitung beeinflußt werden, damit die CPU auf die Peripherie warten kann. Das muß dem Prozessor aber ausdrücklich gesagt werden. Daher hat man dem Befehl WAIT eingeführt.

Befehl	86	O	D	I	T	S	Z	A	P	C	Beschreibung	Aufruf
wait											Warten, bis TEST-Signal zurückgesetzt ist	wait

Auf das Auftreten eines Interrupts über eine Interrupt-Leitung bzw. auf einen Reset wartet der Prozessor nach dem Befehl HLT.

Befehl	86	O	D	I	T	S	Z	A	P	C	Beschreibung	Aufruf
hlt											Warten auf Interrupt über INTR- oder NMI-Leitung oder auf Reset	hlt

B Software-Interrupts

Jeder Rechner stellt dem Programmierer zahlreiche Standardfunktionen zur Verfügung, die entweder im *BIOS* oder innerhalb von *MS-DOS* definiert sind. Diese Funktionen können beliebig eingesetzt werden. Durch die Aktivierung eines sogenannten Software-Interrupts mittels

```
INT <Interrupt-Nummer>
```

werden diese Unterprogramme ausgeführt.

B.1   Interrupt 21h

Das Betriebssystem MS-DOS stellt eine ganze Reihe Funktionen zur Verfügung, die der Programmierer beliebig in seinem Programm einsetzen kann. Generell muß bei einem Aufruf einer Funktion des Interrupt 21h die Funktionsnummer im AH-Register stehen. In allen nachfolgenden Beschreibungen wurde diese Registerbelegung daher nicht mehr ausdrücklich erwähnt.

Bei zahlreichen Funktionen können Fehler auftreten, die man im Programm abfangen und auswerten kann. Üblicherweise ist nach einem fehlerfreien Funktionsaufruf das Carry-Flag gelöscht. Sollte es gesetzt sein, wird in AX ein Fehlercode zurückgeliefert. Die Tabelle B-1 erläutert die Fehler im Klartext.

In den nächsten Abschnitten sind die einzelnen Funktionen nach Anwendungsfällen sortiert zusammengefaßt, wobei die wichtigsten und praktikabelsten Routinen einzeln erläutert werden. Konkrete Anwendungsbeispiele finden Sie in den einzelnen Beispielprogrammen dieses Buches.

B.1.1   Zeichenausgabe

Das Betriebssystem stellt Funktionen zur Verfügung, mit denen Zeichen auf jedes Gerät ausgegeben werden können. Es gelten unter MS-DOS die Gerätezuweisungen der Tabelle B-2, sofern diese nicht durch einen Aufruf von *MODE* oder andere Befehle geändert wurden:

Code	Fehler	Code	Fehler
01h	Ungültiger Funktionscode	0Bh	Ungültiges Format
02h	Datei nicht gefunden	0Ch	Ungültiger Zugriffscode
03h	Pfad nicht gefunden	0Dh	Ungültige Daten
04h	Zu viele Dateien offen	0Eh	reserviert
05h	Zugriff verweigert	0Fh	Ungültiges Laufwerk
06h	Ungültiges Handle	10h	Aktuelles Directory nicht löschbar
07h	Speicher-Kontrollblöcke zerstört	11h	Funktion nicht auf das gleiche Laufwerk anwendbar
08h	Nicht genügend Speicher frei	12h	Keine weiteren Datei vorhanden
09h	Ungültiger Zeiger auf Speicher-Kontrollblock	21h	Sperren bzw. freigeben nicht möglich
0Ah	Ungültiger Zeiger auf Enviroment	50h	Datei existiert bereits

Tabelle B-1 MS-DOS-Fehlercodes

Gerät	Ziel	Handle
Standard-Output	CON (Bildschirm)	0
Standard-Input	CON (Tastatur)	1
Standard-Error-Device	CON (Bildschirm)	2
Standard-Auxiliary	AUX	3
Standard-List-Device	PRN	4

Tabelle B-2 Standard-Gerätezuweisungen

Mit Ausnahme der Funktion *Display String* wird dabei das jeweilige Zeichen im DL-Register erwartet. Für diese Funktion wird ein Zeiger auf den Ausgabetext in den Registern DS:DX erwartet. Die Ausgabe wird durch das Zeichen '$' (ASCII-Code: 36) beendet.

Rückgaben und Fehlermeldungen erfolgen generell nicht. Die Funktionen 02h, 04h und 05h lassen sich durch Control-Break unterbrechen. Sollte das Standard-List-Gerät nicht bereit sein, wartet die Funktion 05h auf seine Bereitschaft. Bei Funktion 06h müssen Sie aufpassen, daß nicht der ASCII-Code 255 (0FFh) ausgegeben wird: Es handelt sich

Fkt.	Name	Ausgabegerät	Aufruf
02h	Display Character	Standard-Output	DL = Zeichen
04h	Auxiliary Output	Standard-Auxiliary	DL = Zeichen
05h	Print Character	Standard-List-Device	DL = Zeichen
06h	Direct Console I/O	Standard-Output	DL = Zeichen
09h	Display String	Standard-Output	DS:DX = Anfang der Zeichenkette

Tabelle B-3 Zeichenausgabe

hierbei um eine Mehrfachfunktion, die bei diesem Zeichen eine Eingabe erwartet und keine Ausgabe durchführt.

B.1.2 Zeicheneingabe

In Analogie zur Zeichenausgabe besteht selbstverständlich die Möglichkeit, Zeichen von allen Geräten einzulesen. Die zur Verfügung stehenden Funktionen sind in Tabelle B-4 zusammengestellt. Mit Ausnahme der Funktion 06h warten alle Eingaberoutinen bis zur Zeicheneingabe. Die Routine 06h macht durch ein gesetztes Zero-Flag kenntlich, daß kein Zeichen eingegeben wurde. Sollte dieses Flag gelöscht sein, ist das Zeichen im AL-Register zu finden. Wie auch bei der Zeichenausgabe kennt MS-DOS bei der Zeicheneingabe keinen I/O-Fehler. Dafür kann die Eingabe, bis auf die Funktionen 06h und 07h, durch Control-Break abgebrochen werden. Möchten Sie, daß das eingegebenen Zeichen auch auf dem Bildschirm zu sehen ist, müßten Sie die Funktionen 01h oder 0Ah verwenden. Alle übrigen halten sich diesbezüglich zurück.

Eine besondere Funktion ist die Routine 0Ah: Während die anderen immer nur ein Zeichen einlesen, kann hiermit eine kompletter Text bis zu 255 Zeichen eingelesen und editiert werden. Das einzige, was zum Aufruf notwendig ist, ist ein entsprechender Pufferbereich im Datensegment.

```
        .DATA

MaxLen db  Puffergroesse    ; max. 255 wegen Datentyp BYTE
AktLen db  ?                ; hier trägt DOS die aktuelle Anzahl
                            ; der gelesenen Zeichen ein
Puffer db  MaxLen dup       ; nun folgt der eigentliche Puffer

        .CODE
        ...
```

Fkt.	Name	Eingabegerät	Aufruf	Rückgabe
01h	Read Keyboard and Echo	Standard-Input		AL = Zeichen
03h	Auxiliary Input	Standard-Auxiliary		AL = Zeichen
06h	Direct Console I/O	Standard-Input	DL = 0FFh	s. Text
07h	Direct Console Input	Standard-Input		AL = Zeichen
08h	Read Keyboard	Standard-Input		AL = Zeichen
0Ah	Buffered Keyboard Input	Standard-Input	s. Text	s. Text
0Bh	Check Keyboard Status	Standard-Input		AL = 00h oder AL = 0FFh
0Ch	Flush Buffer and Read Keyboard	Standard-Input	AL = 0, 1, 6, 7, 8 oder 0Ah	wie Unterfunktion

Tabelle B-4 Zeicheneingabe

```
mov   ah, 0Ah
lea   dx, [Puffer]
int   21h
...
```

Sie müssen vor dem Aufruf der Funktion sicherstellen, daß das Registerpaar DS:DX auf den Anfang des Puffers zeigt. Die Eingabe können Sie genauso wie die DOS-Kommandozeile mit der Backspace-Taste editieren. Nach dem Ende der Funktion, das mit Betätigung der Enter-Taste erreicht wird, können Sie in der Variablen AktLen die Anzahl der eingegebenen Zeichen vorfinden.

Möchten Sie vor dem Aufruf einer Eingabe sicherstellen, daß der Tastaturpuffer gelöscht ist, können Sie die Funktion 0Ch einsetzen. Das alleinige Löschen erreichen Sie, wenn sich in AL der Wert 0 befindet. Soll anschließend eine Tastatureingabe erfolgen, können Sie in dieses Register direkt die entsprechende Funktionsnummer eintragen, wobei die zu dieser Funktion geltenden Bedingungen erfüllt sein müssen.

Etwas aus dem Rahmen der Zeicheneingabe fällt die Funktion 0Bh: Mit ihrer Hilfe können Sie überprüfen, ob der Tastaturpuffer leer ist. Dies ist der Fall, wenn sich nach dem Aufruf der Wert 0 im AL-Register befindet. Steht hier die Zahl 0FFh, ist mindestens ein Zeichen im Puffer vorhanden.

B.1.3 Dateioperationen

Wenn die Abkürzung eines Betriebssystems schon für *Disk-Operating-System* steht, kann man sicher sein, daß in diesem Kapitel die meisten Routinen zu finden sind. In der Tat ist es auch eine Hauptaufgabe des Betriebssystem, Dateien auf der Diskette oder auf der Festplatte verwalten zu können und ihre Inhalte in den Arbeitsspeicher zu laden.

Disketten-Verwaltung

Fkt.	Name	entspricht	Aufruf	Fehler
39h	Create Directory	MKDIR	DS:DX = Pfad	3, 5
3Ah	Remove Directory	RMDIR	DS:DX = Pfad	3, 5, 10h
3Bh	Change Current Directory	CHDIR	DS:DX = Pfad	3
47h	Get Current Directory	CHDIR <Laufwerk>	DL = Laufwerk DS:SI = Puffer	0Fh

Tabelle B-5 Disketten-Verwaltung

Zur Verwaltung der einzelnen Verzeichnisse stehen vier Routinen zur Verfügung. Wenn nach deren Aufruf das Carry-Flag gesetzt ist, ist ein Fehler aufgetreten. Die Fehlernummer steht dann im AL-Register. Die Tabelle B-5 beinhaltet eine Spalte, die den entsprechenden MS-DOS-Befehl aufführt.

DL	Laufwerk
0	aktuelles Laufwerk
1	A
2	B
...	...

Tabelle B-6 Laufwerksbezeichnung in Assembler

Für die Angabe des Laufwerks bei Aufruf der Funktion 47h gilt die übliche DOS-Definition laut Tabelle B-6. Der Puffer, in den das aktuelle Verzeichnis eingetragen wird, muß 64 Byte groß sein. Beachten Sie, daß nach dem Aufruf der Kennbuchstabe des Laufwerks fehlt.

Datei-Verwaltung

Fkt.	Name
0Fh	Open File
10h	Close File
11h	Search for First Entry
12h	Search for Next Entry
13h	Delete File
16h	Create File
17h	Rename File
23h	Get File Size

Tabelle B-7 Datei-Verwaltung (CP/M)

Die eigentliche Verwaltung einzelner Dateien, wozu unter anderem das Anlegen oder Öffnen von Dateien gehört, wurde im Laufe der Zeit mehrfach überarbeitet. So finden sich noch heute Routinen, die aus der CP/M-Zeit stammen, neben UNIX-kompatiblen Funktionen. Generell möchte ich die letzteren Funktionen für die Verwendung in neuen Programmen empfehlen, da ihre Handhabung wesentlich einfacher und die Fehlerbehandlung wesentlich komfortabler ist. Aus diesem Grund sind die CP/M-kompatiblen Routinen auch nur der Vollständigkeit halber aufgeführt.

Die UNIX-kompatiblen Funktionen ordnen beim Öffnen einer Datei dieser eine 16-Bit-Hausnummer (Handle) zu, unter der auf die Datei zugegriffen werden kann. Es gibt unter anderem fünf unterschiedliche Methoden, eine Datei zu erzeugen bzw. zu eröffnen:

1. Funktion 3Ch überschreibt ohne Warnung eine existierenden Datei
2. Funktion 3Dh öffnet eine existierende Datei
3. Funktion 5Ah erzeugt eine temporäre Datei, wobei der Dateiname von MS-DOS kreiert wird.
4. Funktion 5Bh erzeugt eine Datei. Sollte diese bereits existieren, bricht die Funktion mit einer Fehlermeldung ab.

Fkt.	Name	Aufruf	Rückgabe	Fehler
3Ch	Create Handle	CX = Attribut DS:DX = Anfang Pfad	AX = Handle	3, 4, 5
3Dh	Open Handle	AL = Zugriff DS:DX = Anfang Pfad	AX = Handle	1, 2, 3, 4, 5, 0Ch
3Eh	Close Handle	BX = Handle	-	6
45h	Duplicate File Handle	BX = Handle	AX = neues Handle	4, 6
46h	Force Duplicate File Handle	BX = erstes Handle CX = zweites Handle	Handle in CX ent- spricht Handle in BX	4, 6
57h	Get/Set Date/Time of File	AL = 0: lesen = 1: setzen BX = Handle Setzen: CX = HHHHHMMMMMMSSSSS DX = JJJJJJJMMMMTTTTT	lesen: CX = Zeit DX = Datum	1, 6
5Ah	Create Temporary File	CX = Attribut DS:DX = Anfang Pfad einschl. 13 Byte Platz für Dateinamen	AX = Handle Der Pfad wird um den Namen ergänzt.	3, 5
5Bh	Create New File	CX = Attribut DS:DX = Anfang Pfad	AX = Handle	3, 4, 5, 50h

Tabelle B-8 Datei-Verwaltung bis MS-DOS 3.3 (UNIX)

5. Funktion 6C wurde mit MS-DOS-Version 4.0 eingeführt und erlaubt nun das Anlegen, Schließen und Öffnen einer Datei mit einem Systemaufruf. Dieser Vorgang ist bei Programmen, die innerhalb eines Netzwerkes laufen und Zugriffsrechte verteilen können, sinnvoll einsetzbar.

Die Zugriffsberechtigungen der Funktionen 3Dh bzw. 6Ch werden nach dem Schlüssel

0 → lesen
1 → schreiben
2 → beides

vergeben.

Fkt.	Name	Aufruf	Rückgabe	Fehler
67h	Set Handle Count	BX = Anzahl Handles	-	6
68h	Commit File	BX = Handle	-	
6Ch	Extended Open/Create	AL = 0 → reserviert BL = Zugriff BH = 0ci00000 c=0: kein Commit c=1: Commit bei jedem Schreiben i=0: INT 24h frei i=1: INT 24h gesperrt CX = Attribut DH = 0 DL = NV (hex.) Datei nicht vorhanden: N=0: Abbruch mit Fehler N=1: Datei erzeugen Datei vorhanden: V=0: Abbruch mit Fehler V=1: Datei öffnen V=2: Datei ersetzen	-	1, 2, 3, 4, 5, 0Ch, 50h

Tabelle B-9 Datei-Verwaltung ab MS-DOS 4.0 (UNIX)

Fkt.	Name	Aufruf	Rückgabe	Fehler
43h	Get/Set File Attribute	AL = 0: lesen = 1: setzen setzen: CX = neues Attribut DS:DX = Anfang Pfad	lesen: CX = Attribut	1, 2, 3, 5
4Eh	Find First File	CX = Attribut DS:DX = Anfang Suchmuster	siehe Text	2, 12h
4Fh	Find Next File	DTA von Funktion 4Eh	siehe Text	12h

Tabelle B-10 Zugriff auf Dateiattribute

Die Dateiattribute verwaltet MS-DOS in einem gesonderten Byte (siehe Bild B-1). Die drei Funktionen der Tabelle B-10 unterstützen Sie bei der Suche nach Dateien mit bestimmten Attributen bzw. beim Verändern dieser Attribute.

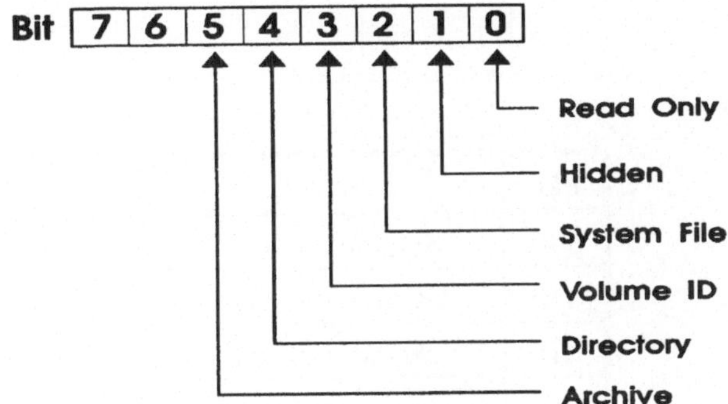

Bild B-1 Dateiattribute

Wenn Sie die Funktion 4Eh aufrufen, sucht das Betriebssystem in dem Suchmuster, das im Datensegment deklariert sein muß. Dieses Muster darf Pfadangaben und sogenannte Wildcards ('*', '?') enthalten. Wenn eine Datei diesem Muster entspricht, werden die Verzeichniseinträge in die sogenannte *Disk Transfer Area (DTA)* eingetragen, die sich standardmäßig im Programmvorspann befindet (PSP-Offset 80h). Die Adresse der DTA

Offset	Länge	Inhalt
00h	21	reserviert
15h	1	Attribut
16h	2	Uhrzeit der letzten Änderung
18h	2	Datum der letzten Änderung
1Ah	2	Dateigröße: niederwertiges Wort
1Ch	2	Dateigröße: höherwertiges Wort
1Eh	13	Dateiname und Suffix durch '.' getrennt.

Tabelle B-11 Aufbau der Disk Transfer Area

läßt sich mittels der Funktion 2Fh ermitteln bzw. durch die Funktion 1Ah verändern. Letzteres sollte natürlich vor dem Suchen erfolgen. Innerhalb der DTA können nun alle Dateiangaben gelesen werden. Vor einem Aufruf der Funktion 4Fh muß die DTA durch einen 4Eh-Aufruf gesetzt worden sein.

Datei-Zugriff

Fkt.	Name
14h	Sequential Read
15h	Sequential Write
21h	Random Read
22h	Random Write
24h	Set Relative Record
27h	Random Block Read
28h	Random Block Write

Tabelle B-12 Datei-Zugriff (CP/M)

Der Zugriff auf die Daten einer Datei kann in Analogie zur Dateiverwaltung durch den Einsatz von CP/M-kompatiblen Routinen erfolgen. Jedoch empfehle ich auch hier die Verwendung der UNIX-kompatiblen Operationen aus den oben genannten Gründen.

Fkt.	Name	Aufruf	Rückgabe	Fehler
1Ah	Set Disk Transfer Area Address	DS:DX = Anfang DTA	-	-
2Fh	Get Disk Transfer Area Address		ES:BX = DTA	-

Tabelle B-13 Zugriff auf die Disk Transfer Area

Die Funktion 5Ch (Tabelle B-14) ist nur auf Netzwerksystem einsetzbar, wenn zuvor der DOS-Befehl *SHARE* verwendet wurde. Sie dient dem Sperren bzw. Zulassen von Zugriffen anderer Netzwerkteilnehmer auf bestimmte Bereiche einer Datei.

Fkt.	Name	Aufruf	Rückgabe	Fehler
3Fh	Read Handle	BX = Handle CX = Anzahl zu lesender Bytes DS:DX = Anfang Zielpuffer	AX = Anzahl der tatsächlich gelesenen Bytes = 0: Dateiende erreicht	5, 6
40h	Write Handle	BX = Handle CX = Anzahl zu schreibender Bytes DS:DX = Anfang Quellpuffer	AX = Anzahl der tatsächlich geschriebenen Bytes = 0: Diskette voll	5, 6
42h	Move File Pointer	AL = 0: relativ zum Dateianfang = 1: relativ zu aktueller Position = 2: relativ zum Dateiende BX = Handle CX = höherwertiges Wort der Position DX = niederwertiges Wort der Position	DX:AX = neue Position	1, 6
5Ch	Lock/ Unlock	AL = 0: Lock = 1: Unlock BX = Handle CX = höherwertiges Wort der Position DX = niederwertiges Wort der Position SI = höherwertiges Wort der Länge DI = niederwertiges Wort der Länge	-	1, 6, 21h

Tabelle B-14 Datei-Zugriff (UNIX)

Weitere Funktionen

Aus der langen Liste der INT 21h-Funktionen möchte ich noch einige erwähnen, deren Anwendung Sie teilweise in den Beispielprogrammen wiederfinden können.

Fkt.	Name	Aufruf	Rückgabe	Fehler
2Ah	Get Date		CX = Jahr (bis 2099) DH = Monat (1 bis 12) DL = Tag (1 bis 31) AL = Wochentag (0 = Sonntag)	-
2Bh	Set Date	CX = Jahr (bis 2099) DH = Monat (1 bis 12) DL = Tag (1 bis 31)	AL = 0: gültiges Datum gesetzt	AL = 0FFh
2Ch	Get Time		CH = Stunden (0 bis 23) CL = Minuten (0 bis 59) DH = Sekunden (0 bis 59) DL = Hundertstel Sekunden (0 bis 99)	-
2Dh	Set Time	CH = Stunden (0 bis 23) CL = Minuten (0 bis 59) DH = Sekunden (0 bis 59) DL = Hundertstel Sekunden (0 bis 99)	AL = 0: gültige Zeit gesetzt	AL = 0FFh

Tabelle B-15 Zeitfunktionen

MS-DOS macht einen Standardzugriff auf das Systemdatum und die Systemzeit möglich. Somit können beide Werte zurückgelesen oder gesetzt werden. Die Beschreibung des Aufrufs finden Sie in Tabelle B-15.

Für die Installierung eigener Interrupt-Routinen bietet das Betriebssystem die Möglichkeit, den Vektor eines Interrupts, der auf die auszuführende Prozedur zeigt, zu ermitteln und ihn zu verändern. Diese Aufrufe werden in Tabelle B-16 erläutert.

Fkt.	Name	Aufruf	Rückgabe	Fehler
25h	Set Interrupt Vector	AL = Interrupt-Nummer DS:DX = neue Adresse	-	-
35h	Get Interrupt Vector	AL = Interrupt-Nummer	AL = 0: ES:BX = Adresse	AL = 0FFh

Tabelle B-16 Interrupt-Steuerung

Außer den genannten Funktionsaufrufen stellt MS-DOS noch einige weitere Systemaufrufe zur Verfügung. Darunter fallen unter anderem solche, die bei einem installierten Netzwerk einsetzbar sind oder die eine dynamische Speicherverwaltung erlauben. Die Verwendung dieser Funktionen setzt eine detailliertere Kenntnis des Betriebssystems voraus, als sie dieses Buch liefern kann.

B.2   Interrupt 10h

Das *Basic Input Output System*, kurz *BIOS*, bildet die Schnittstelle zwischen der Rechnerhardware und dem geladenen Betriebssystem (MS-DOS, CP/M, usw.). Ein Aufruf dieser Funktionen, die vom Computerhersteller auf der Hauptplatine eines jeden Rechners implementiert wurden, werden schneller als Betriebssystemaufrufe ausgeführt. Um eine 100% IBM-Kompatibilität zu erreichen, kann man bei den meisten Computern die gleichen Ergebnisse nach dem Aufruf einer BIOS-Funktion erwarten. Ausnahmen (zum Beispiel Siemens PC-D1, HP-Vectra, Schneider PC1512, u.a.) bestätigen auch hier die Regel, so daß ein Ausprobieren schnell Klarheit über den Begriff «Kompatibilität» verschaffen kann.

Mit dem BIOS-Interrupt 10h kann ein Programmierer unter Umgehung des Betriebssystems alle Bildschirmsteuerungen und -ausgaben vornehmen. Beachten Sie dabei aber, daß der Umfang der Funktion bei immer komplexeren Grafikkarten erweitert werden wird. Insofern können sich die folgenden Tabellen nur auf den heutigen Standard beziehen und müssen die Fähigkeiten, die auf einzelne Grafikkarten beschränkt sind, außer Acht lassen. Analog zum MS-DOS-Interrupt 21h wird die Funktionsauswahl auch hier durch den Inhalt des AH-Registers vorgenommen.

B.2.1   Bildschirm-Steuerung

Bildschirm-Modus

Die optische Schnittstelle zwischen Mensch und Maschine, der Bildschirm, wird von jedem Anwender individuell gestaltet. Wann immer es darum geht, ein Programm zu entwerfen, daß sich an die aktuelle Rechnerkonfiguration anpassen kann, muß man diese erst einmal ermitteln beziehungsweise setzen können.

Hierzu setzt man die Funktion 00h zum Lesen und 0Fh zum Setzen ein (Tabelle B-18). Der Wert des AL-Registers wird bei diesen Funktionen nach Tabelle B-17 gesetzt.

AL	Modus	Auflösung	Farben	Seiten	Karte
00h	Monochrom-Text	40 * 25	1	8	alle
01h	Color-Text	40 * 25	16	8	alle
02h	Monochrom-Text	80 * 25	1	4 8	CGA EGA
03h	Color-Text	80 * 25	16	4 8	CGA EGA
04h	Color-Grafik	320 * 200	4	1	CGA
05h	Color-Grafik	320 * 200	4	1	CGA
06h	Color-Grafik	640 * 200	2	1	CGA
07h	Monochrom-Text	80 * 25	1	1	MDA
08h	Color-Grafik	160 * 200	16	1	PCjr
09h	Color-Grafik	320 * 200	16	1	PCjr
0Ah	Color-Grafik	640 * 200	4	1	PCjr
0Bh	reserviert				
0Ch	reserviert				
0Dh	Color-Grafik	320 * 200	16	8	EGA
0Eh	Color-Grafik	640 * 200	16	4	EGA
0Fh	Monochrom-Grafik	720 * 348	1	2	Hercules
10h	Color-Grafik	640 * 350	4 16	1 4	EGA (64 KByte) EGA (256 Byte)
11h	Color-Grafik	640 * 480	2	1	VGA
12h	Color-Grafik	640 * 480	16	1	VGA
13h	Color-Grafik	320 * 200	256	1	VGA

Tabelle B-17 Bildschirm-Modi

Fkt.	Name	Aufruf	Rückgabe
00h	Set Video Mode	AL = Modus	-
0Fh	Get Video Mode	-	AL = eingestellter Modus AH = Anzahl der Zeichen pro Zeile BH = Bildschirmseite

Tabelle B-18 Bildschirm-Modus lesen/setzen

Bildschirm-Seite

Textausgaben auf verschiedenen Bildschirmseiten sind zum Beispiel beim Einsatz von verschiedenen Eingabemasken einsetzbar. Die Numerierung der Seiten beginnt bei Null. Allerdings unterstützt unter anderem Turbo-Pascal dieses Feature im Textmodus in keinster Weise. So ist man hier genötigt, eigene Assemblermodule für die Zeichenausgabe einzusetzen.

Fkt.	Name	Aufruf	Rückgabe
05h	Set Display Page	AL = Seitennummer	-

Tabelle B-19 Bildschirm-Seite setzen

Bildschirm-Fenster

Das BIOS stellt Ihnen zwei Funktionen zur Verfügung, mit deren Hilfe ein Bereich des Bildschirm auf- bzw. abwärts gescrollt werden kann. Die Angabe der Bildschirmkoordinaten ist dabei optional. Sollten sie nicht angegeben sein, wird automatisch die Anzahl der Bildschirmzeilen überprüft; die Zahl der Spalten wird mit 80 angenommen. Sollten beim scrollen neue Zeilen entstehen, erhalten diese das in BH angegebene Attribut.

B.2.2 Cursor-Steuerung

Fkt.	Name	Aufruf	Rückgabe
06h	Scroll up	AL = Zahl der Zeilen BH = Attribut CH = obere Zeile CL = linke Spalte DH = untere Zeile DL = rechte Spalte	-
07h	Scroll down	AL = Zahl der Zeilen BH = Attribut CH = obere Zeile CL = linke Spalte DH = untere Zeile DL = rechte Spalte	-

Tabelle B-20 Bildschirm-Fenster scrollen

Die Steuerung des Cursors ist seitenabhängig, weshalb sich Textausgaben auf
unterschiedlichen Seiten auch recht einfach realisieren lassen. Beachten Sie aber, daß
die Zählung der Koordinaten und der Bildschirmseiten bei Null beginnt.

Fkt.	Name	Aufruf	Rückgabe
01h	Set Cursor Shape	CH = erste Scan-Linie CL = letzte Scan-Linie	-
02h	Set Cursor Position	BH = Bildschirmseite DH = Zeile DL = Spalte	-
03h	Get Cursor Position	BH = Bildschirmseite	CH = erste Scan-Linie CL = letzte Scan-Linie DH = Zeile DL = Spalte

Tabelle B-21 Cursor-Steuerung

Neben der Steuerung der Cursor-Position läßt das BIOS auch die Änderung der Cursor-Größe zu. Welche Effekte hierdurch zu erreichen sind, sollten Sie einfach einmal ausprobieren.

B.2.3 Textein- und ausgabe

Zur Ein- und Ausgabe von ASCII-Zeichen stehen Ihnen mehrere Funktionen zur Auswahl: Mit und ohne Attribut, mit und ohne Cursor-Bewegung. Auch hier gilt: Ausprobieren geht über Studieren.

Fkt.	Name	Aufruf		Rückgabe
08h	Get Char and Attribute	BH = Bildschirmseite		AH = Attribut AL = Zeichen
09h	Put Char and Attribute	AL = Zeichen BH = Bildschirmseite BL = Attribut CX = Anzahl der Zeichen		-
0Ah	Put Char	AL = Zeichen BH = Bildschirmseite CX = Anzahl der Zeichen		-
0Eh	Put TTY	AL = Zeichen BH = Bildschirmseite BL = Vordergrundfarbe (Grafik)		-
13h	Put String	AL	Wirkung	-
		0	BL = Attribut Cursor wird nicht bewegt.	
		1	BL = Attribut Cursor wird bewegt.	
		2	String enthält abwechselnd Zeichen und Attribut. Cursor wird nicht bewegt.	
		3	String enthält abwechselnd Zeichen und Attribut. Cursor wird bewegt.	

Tabelle B-22 Zeichenein- und ausgabe

B.2.4 Grafikein- und ausgabe

Bei gesetztem Grafikmodus können Sie einzelne Bildpunkte setzen oder lesen. Die Umschaltung der Bildschirmseite erfolgt auch für den Grafikmodus über die Funktion 05h. Die Auswahl der Farbe erfolgt sowohl im Text-, als auch im Grafikmodus entsprechend Tabelle B-24.

Fkt.	Name	Aufruf	Rückgabe
0Ch	Put Pixel	AL = Farbe CX = X-Koordinate DX = Y-Koordinate	
0Dh	Get Pixel	BH = Bildschirmseite CX = X-Koordinate DX = Y-Koordinate	AL = Farbe

Tabelle B-23 Grafikein- und ausgabe

Wert	Farbe	Wert	Farbe
00h	Schwarz	08h	Grau
01h	Blau	09h	Hellblau
02h	Grün	0Ah	Hellgrün
03h	Cyan	0Bh	Hellcyan
04h	Rot	0Ch	Hellrot
05h	Magenta	0Dh	Hellmagenta
06h	Braun	0Eh	Gelb
07h	Hellgrau	0Fh	Weiß

Tabelle B-24 Farbauswahl

C Turbo Assembler

Wenn Sie die Programme, die zum Paket *Turbo Debugger & Tools* gehören, ohne Angabe eines Parameters aufrufen, erhalten Sie eine Liste der zulässigen Kommando-zeilen-Optionen. Für den *Turbo-Assembler 2.5* erscheint diese Hilfe entsprechend Bild C-1.

```
Turbo Assembler  Version 2.5  Copyright (c) 1988, 1991 Borland International
Syntax:   TASM [options] source [,object] [,listing] [,xref]
/a,/s           Alphabetic or Source-code segment ordering
/c              Generate cross-reference in listing
/dSYM[=VAL]     Define symbol SYM = 0, or = value VAL
/e,/r           Emulated or Real floating-point instructions
/h,/?           Display this help screen
/iPATH          Search PATH for include files
/jCMD           Jam in an assembler directive CMD (eg. /jIDEAL)
/kh#,/ks#       Hash table capacity #, String space capacity #
/l,/la          Generate listing: l=normal listing, la=expanded listing
/ml,/mx,/mu     Case sensitivity on symbols: ml=all, mx=globals, mu=none
/mv#            Set maximum valid length for symbols
/m#             Allow # multiple passes to resolve forward references
/n              Suppress symbol tables in listing
/o,/op          Generate overlay object code, Phar Lap-style 32-bit fixup
/p              Check for code segment overrides in protected mode
/q              Suppress OBJ records not needed for linking
/t              Suppress messages if successful assembly
/w0,/w1,/w2     Set warning level: w0=none, w1=w2=warnings on
/w-xxx,/w+xxx   Disable (-) or enable (+) warning xxx
/x              Include false conditionals in listing
/z              Display source line with error message
/zi,/zd         Debug info: zi=full, zd=line numbers only
```

Bild C-1 TASM-Aufruf

In den nun folgenden Anhängen beschränke ich mich auf die Aufrufoptionen der einzelnen Programme, die am Anfang einer Laufbahn als Assembler-Programmierer wichtig sind.

Der Quelltext eines Assembler-Programmes wird mit einem beliebigen Editor erstellt, der nur ASCII-Zeichen enthält. Zulässige Zeichen für alle Befehle und Anweisungen an den Assembler sind:

A-Z   a-z   0-9   _   @ $?

Lediglich in Kommentaren, die vom Compiler nicht beachtet werden, dürfen Sie auch andere Zeichen zur Gestaltung des Textes einsetzen (z.B. Umlaute). Achten Sie auf jeden Fall darauf, daß der Editor keine Steuerzeichen in den Text einfügt, wie dies üblicherweise Textverarbeitungsprogramme (WordPerfect, WORD, etc.) tun. Diese Steuerzeichen führen dazu, daß der Compiler nichts mit dem Quelltext anfangen kann. Dies ist noch die «harmloseste» Erscheinung. Es kann aber auch geschehen, daß der Quellcode zerstört wird, weil die Steuerzeichen falsch interpretiert wurden.

Der Compiler hat die Aufgabe, aus einem Quelltext einen sogenannten *Objektcode* zu erstellen. Die erstellte Datei ist am Dateisuffix *OBJ* zu erkennen. Mit dieser Objektdatei können Sie zunächst noch nichts anfangen. Sie enthält zwar schon den Befehlscode des Programmes, doch es fehlen noch Betriebssystem-spezifische Einträge. Ein Programm, daß unter einem modernen Betriebssystem soll, muß an jeder beliebigen Stelle im Arbeitsspeicher des Computers einwandfrei funktionieren. Damit dies möglich ist, müssen beim Laden des Programmes einzelne Bytes noch an die Adresse im Speicher angepaßt werden. Zu diesem besonderen Programmstellen zählen beispielsweise Zugriffe auf das Datensegment, das bei 'EXE'-Dateien in einem vollkommen anderen Speicherbereich liegen kann.

Aus der Quelldatei wird unter Zuhilfenahme eines Binders, in diesem Fall der Turbo-Linker TLINK, die eigentliche Programmdatei mit dem Suffix *EXE* oder *COM* erstellt. Dabei werden die Programmstellen, an denen eine Anpassung an den Arbeitsspeicher erfolgen muß, in einen sogenannte *Relokationstabelle* eingetragen.

Um aus einem Quelltext eine Objektdatei erstellen zu lassen, genügt der Aufruf

```
TASM <Dateiname>[.EXT]
```

Wenn Sie keine Erweiterung .EXT angeben, sucht der Compiler immer nach einer Datei mit dem Suffix *ASM*. Die erzeugte Objektdatei erhält dann den gleichen Namen mit der Erweiterung *OBJ*. Möchten Sie ein Listing der Datei erhalten, das neben den Befehlen und den zugehörigen Befehlscodierungen auch noch weitere Information über die verwendeten Variablen und Labels usw. enthält können Sie entweder die Zeile

```
TASM <Dateiname> , [<Objektdatei>] , <Listingdatei>
```

eintippen, oder Sie benutzen die Option /l beziehungsweise /la, wodurch die Eingabezeile folgendes Aussehen erhalten würde:

```
TASM /l <Dateiname>
```

In der Listingdatei finden sich auch noch einmal alle Fehlermeldungen, die der Compiler ausgeben hat, an zwei Stellen: Die erste Stelle ist jeweils nach der Zeile, in der der Fehler aufgetreten ist. Die zweite Position befindet sich am Ende, wo alle Fehlermeldungen mit Angabe der Zeilennummer zusammengefaßt werden. Lassen Sie sich nicht durch lange Fehlerlisten abschrecken: Es genügt ein Fehler in der Deklaration einer Variablen, um an jeder Stelle, an der darauf Bezug genommen wird, einen

Folgefehler hervorzurufen. Daher sollten Sie die Fehlerbeseitigung immer mit der ersten Fehlermeldung beginnen.

Müssen Sie das zu erstellende Programm noch mit einem Debugger untersuchen, verwenden Sie die Kommandozeilenoption /zi. Das ist der erste Schritt, um im Turbo-Debugger auf Quelltextebene zu debuggen. Dabei werden dann auch alle Kommentare sichtbar, wodurch diese Aufgabe natürlich wesentlich vereinfacht ist.

```
TASM /zi <Dateiname>
```

Die nun erstellte Objektdatei wird durch die zusätzlichen Debugger-Informationen zwangsläufig wesentlich größer, was Sie nicht stören sollte. Wenn das Programm fehlerfrei funktioniert, können Sie den Übersetzungs- und Bindevorgang jeweils ohne Informationen für den Debugger wiederholen.

Ähnlich wie der MASM, erlaubt TASM die Unterscheidung zwischen Groß- und Kleinbuchstaben. Hierzu müssen Sie lediglich die Option /ml verwenden.

Wenn Sie im Quelltext Ihres Programmes den Einsatz von *Include-Dateien* vorgesehen haben, benötigt TASM diese beim Übersetzen. Dabei werden diese zunächst im aktuellen Verzeichnis Ihrer Festplatte gesucht. Im Rahmen einer ökonomischen Festplattenverwaltung empfiehlt es sich aber, Dateien, auf die von verschiedenen, nach Anwendungen strukturierten Verzeichnissen aus zugegriffen werden soll, zentral zu speichern. Für Include-Dateien in Assembler ist dafür zum Beispiel ein Unterverzeichnis \TASM\INCLUDE sinnvoll. Damit der Compiler diese Dateien finden kann, müssen Sie /iPATH als zusätzliche Option angegeben. Um bei diesem Beispiel zu bleiben, könnte ein entsprechender Aufruf lauten:

```
TASM /i\tasm\include /id:\tp\tp_asm <Dateiname>
```

Wie Sie sehen, können auch mehrere Verzeichnisse für die Suche nach Include-Dateien angegeben werden, in dem zusätzliche /i-Anweisungen aufgeführt werden. TASM sucht daraufhin in allen Verzeichnissen nach der entsprechenden Include-Datei.

Der Turbo-Assembler ist von Hause aus ein *1-Pass-Assembler*. Wenn eine Quelldatei übersetzt werden soll, wird der Text einmal gelesen und für die Variablen und Label die Distanzadresse oder ein relozierbarer Adressenoffset eingetragen. Gelingt dies dem Übersetzungsprogramm in einem Durchgang, nennt man es 1-Pass-Compiler. MASM ist hingegen «menschlicher»: Im ersten Durchlauf ermittelt dieser Compiler alle symbolischen Bezeichner und trägt erst im zweiten Lauf die entsprechenden Referenzen ein. Folgerichtig handelt es sich also um einen *2-Pass-Assembler*. Seit der Version 2.0 des TASM ist es möglich, die maximale Zahl der Durchgänge anzugeben. Standard-mäßig ist der Wert auf fünf eingestellt, kann aber sowohl nach oben, als auch nach unten durch die Angabe /m# verändert werden. Der Vorteil von mehreren Übersetzungsdurchgängen ist die Fähigkeit von TASM, überflüssige NOP-Anweisungen aus dem Programm zu entfernen. Das zahlt sich besonders bei Programmen aus, die viele JMP-Befehle beinhalten. Wenn der Assembler auf einen unbedingten Sprung trifft, dessen

Sprungweite nicht eindeutig erkennbar ist, werden zunächst zwei Byte für die Distanzangabe reserviert. Nachdem das Ziel und somit die Entfernung ermittelt wurde, wird der Wert an die reservierte Position eingetragen. Paßt die Entfernungsangabe in ein Byte, wird das zweite Byte mit dem NOP-Befehl aufgefüllt. Dieser Befehl, der nicht ausrichtet aber Zeit kostet, kann von TASM entfernt werden. Dafür werden aber unter Umständen mehr als ein Durchgang benötigt. Durch die Angabe der oberen Grenze der Durchläufe kann man somit die Übersetzungszeit grob limitieren. Sollte TASM aber schon vorher nichts mehr verbessern können, beendet er seine Aufgabe entsprechend früher.

TASM erlaubt eine ganze Reihe von Zusatzoptionen, für die es auch entsprechende Pseudooperationen im Quelltext gibt. Beachten Sie, daß die Angaben im Quelltext immer mehr Gewicht haben, als die Kommandozeilenoptionen, letztere also «überschrieben» werden.

D Turbo Linker

Ein Binder (engl.: Linker) hat die Aufgabe, eine Objektdatei, die den Befehlscode und die Daten für ein Programm enthält, in die Betriebssystemumgebung einzubinden. Dabei ist unter MS-DOS unter anderem die Erstellung einer Relokationstabelle am Dateianfang notwendig. In dieser Tabelle sind alle Positionen im Programm enthalten, deren Inhalt zum Zeitpunkt des Ladens an die momentane Speicherplatzierung angepaßt werden müssen.

```
Turbo Link  Version 4.0 Copyright (c) 1991 Borland International
Syntax:  TLINK objfiles, exefile, mapfile, libfiles
@xxxx indicates use response file xxxx
Options: /m = map file with publics
         /x = no map file at all
         /i = initialize all segments
         /l = include source line numbers
         /s = detailed map of segments
         /n = no default libraries
         /d = warn if duplicate symbols in libraries
         /c = lower case significant in symbols
         /3 = enable 32-bit processing
         /v = include full symbolic debug information
         /e = ignore Extended Dictionary
         /t = create COM file
         /o = overlay switch
         /P[=NNNNN] = pack code segments
         /A=NNNN = set NewExe segment alignment factor
         /ye = expanded memory swapping
         /yx = extended memory swapping
         /C  = case sensitive exports and imports
         /Txx = specify output file type
                /Tdx = DOS image (default)
                /Twx = Windows image
                (third letter can be c=COM, e=EXE, d=DLL)
```

Bild D-1 TLINK-Aufruf

Eine Übersicht über die erlaubten Kommandozeilen-Optionen gibt Bild D-1. Der einfachste Aufruf lautet:

```
TLINK <Objektdatei>[.OBJ]
```

Damit wird eine 'EXE'-Datei gleichen Namens erstellt, die nun, soweit kein logischer Programmfehler vorliegt, jederzeit gestartet werden kann. Der vollständige TLINK-Aufruf sieht vor, daß der Name der Programmdatei explizit angegeben werden kann.

Haben Sie den Quelltext für das Programm in mehrere getrennte Dateien aufgeteilt, müssen diese auch getrennt übersetzt werden. Damit dennoch eine einzige Programmdatei entsteht, muß dem Linker die Existenz der weiteren Objektdateien mitgeteilt werden. Durch die Eingabe

```
TLINK <Objekt_1> + <Objekt_2>, <Programm>
```

wird schließlich eine Programmdatei erzeugt.

Zusätzlich kann der Name der 'MAP'-Datei angegeben werden. In dieser Datei, die auch mit der Option /m angelegt wird, werden detailierte Information für symbolische Debugger hinterlegt. Durch die Option /x kann die Bildung dieser Datei unterbunden werden, denn der Turbo-Debugger kommt auch mit den Informationen aus, die durch den Schalter /v in die Programmdatei eingebunden werden.

Verwenden Sie in Ihrem Programm Funktionen, die Sie bereits in einer Bibliothek mittels TLIB verwalten, geben Sie als letzte Angabe, den Namen dieser Bibliothek an. TLINK sucht dann außer in den angegebenen Objektdateien in dieser Library nach dem Code der Unterprogramme.

```
Turbo Debugger Symbol Table Stripper Version 2.5 (c) 1988-91 Borland Intl

Syntax: TDSTRIP [options] exefile|objfile [outfile]

  -s    Symbol table is put in a file with the same name as
        exefile but with an extension of .tds. If you specify an
        outfile, a symbol table will be put in outfile.

        If you don't specify the -s option, the symbol table is
        removed from the exefile. If you specify an outfile, the
        original exefile is left unchanged and a version with no
        symbol table is put in outfile.  Ignored on .OBJ's

  -c    COM file is generated from the EXE file. Ignored on .OBJ's

If you don't supply an extension with exefile, .exe is presumed.
If you don't supply an extension with outfile, .exe is added when
you don't use -s, .obj is added if an .obj name is provided,
and .tds is added when you do use -s.

Turbo Debugger will look for the symbol file when it loads an
exefile that does not have a symbol table.
```

Bild D-2 TDSTRIP-Aufruf

Soll eine 'COM'-Datei erzeugt werden, geben Sie die Option /t ein. Der Umweg über ein normales Linken und der anschließende Aufruf von EXE2BIN, wie er beim MASM-Einsatz notwendig ist, entfällt hierdurch. Müssen Sie Ihr 'COM'-Programm aber noch debuggen, empfiehlt es sich, die Objektdatei ganz normal zu binden, wodurch zunächst ein 'EXE'-Programm entsteht. Dabei gibt der Linker die Warnung aus, daß das Stack-Segment fehlt. Diese Meldung können Sie getrost vernachlässigen, denn der Stapel befindet sich bei 'COM'-Programm immer am Ende des Codesegmentes. Ein nachfolgender Aufruf des Programm TDSTRIP, das Sie auf den Debugger-Disketten finden, sorgt dafür, daß mit der Option -s alle Debugger-Informationen aus dem Programm herausgefiltert und in einer zusätzlichen Datei mit dem Suffix .TDS gespeichert werden. Gleichzeitig kann durch die Option -c die Generierung einer 'COM'-Datei veranlaßt werden. Das Herausfiltern der Debug-Informationen ist übrigens eine weitere Möglichkeit, um einen möglichst kleine Programmdatei zu erhalten, und ist auch auf 'EXE'-Dateien anwendbar.

E Turbo Library Manager

Verfügen Sie schon über einer Reihe von Standard-Prozeduren, die bereits als einzelne Objektdateien vorliegen, haben Sie die Möglichkeit, diese Objektdateien in sogenannten *Bibliotheken* zu verwalten. Der Aufruf des notwendigen Library-Managers TLIB ist denkbar einfach:

```
TLIB 3.01  Copyright (c) 1991 Borland International
Syntax: TLIB libname [/C] [/E] commands, listfile
     libname      library file pathname
     commands     sequence of operations to be performed (optional)
     listfile     file name for listing file (optional)

A command is of the form: <symbol>modulename, where <symbol> is:
     +            add modulename to the library
     -            remove modulename from the library
     *            extract modulename without removing it
     -+ or +-     replace modulename in library
     -* or *-     extract modulename and remove it

     /C           case-sensitive library
     /E           create extended dictionary

Use @filepath to continue from file "filepath".
Use '&' at end of a line to continue onto the next line.
```

Bild E-1 TLIB-Aufruf

Soll eine Objektdatei in die Bibliothek aufgenommen werden, brauchen Sie nur

```
TLIB <Bibliothek> +<Objektdatei>
```

einzugeben. Falls die Bibliotheksdatei noch nicht existiert, wird sie nun erzeugt und erhält das Suffix .LIB. Im anderen Fall wird der Programmcode dieser Datei hinzugefügt. Das ersetzen einer Objektdatei mit einer neueren Fassung erfolgt mit dem Option +- anstelle von +. Das - sorgt dafür, daß der vorhandene Code zunächst gelöscht wird, bevor die neue Funktion eingebunden wird.

Haben Sie bei der Generierung der Objektdatei bereits darauf geachtet, daß zwischen Groß- und Kleinschreibung unterschieden wird, sollten Sie dies auch dem Library-Manager mit dem Schalter /c mitteilen.

F Turbo Debugger

Der Turbo-Debugger meldet sich nach dem Aufruf durch TD mit einer vollständigen Debug-Umgebung, die ab Version 2.0 auch über die Maus gesteuert werden kann. Da dieses Programm über sehr gute kontextbezogene Hilfestellungen verfügt, möchte ich mich an dieser Stelle auf die Zusatzprogramme beschränken.

Das erste Programm *TDSTRIP* wurde bereits im Anhang D vorgestellt. Es wird übrigens im Handbuch mit nur einer Zeile erwähnt, obwohl es bei der Fehlersuche in 'COM'-Dateien den einzigen Weg zum Quelltext-Debugging ebnet, da es Symboltabellen aus der Programmdatei herausfiltern und anschließend 'EXE'- in 'COM'-Dateien umwandeln kann. Die Informationen befinden sich nach der Ausführung in einer neuen Datei mit dem Suffix TDS.

```
TDMAP Version 2.5 Copyright (c) 1988, 1991 Borland International, Inc.

Syntax:  TDMAP [options] MapName [OutName] [options]

TDMAP converts mapfile MapName into Turbo Debugger format.

   -B     Assign a type of byte array to all symbols (default is word)
   -C     Treat symbols as case-sensitive
   -Exxx  For any source files named in the map file with no
          extension, use extension xxx
   -Q     Provide no status output

Examples:

  TDMAP MyProg
  TDMAP PasProg -Epas
  TDMAP -C small.map small.com
  TDMAP a.map a.tds -Easm -B
```

Bild F-1 TDMAP-Aufruf

Genau den umgekehrten Weg ermöglicht das Programm TDMAP, daß die Informationen aus 'MAP'-Dateien, die beim Einsatz von «Nicht-Borland-Compilern» erzeugt wurden, in das Turbo-Debugger-Format umwandelt und an die 'EXE'-Datei anhängt.

Wenn Sie Programme mit *Microsoft-Compilern* erstellen und diese Informationen für den *CodeView*-Debugger enthalten, sollten Sie das Programm TDCONVRT einsetzen. Dadurch werden die CodeView-Informationen in das Borland-Format umgewandelt. Benutzen Sie dabei die Option -c wird eine separate 'TDS'-Datei erzeugt.

```
TDCONVRT Version 2.5 Copyright (c) 1988, 1991 Borland International

Syntax: TDCONVRT [options] InFile [OutFile]

  -c    Create separate .tds file containing symbols
  -s    Silent operation, no messages to console

TDCONVRT converts Codeview executable file InFile to Turbo Debugger format
```

Bild F-2 TDCONVRT-Aufruf

Kein Programm ist vollkommen. So geschieht es, daß Compiler Informationen mehrfach für den Debugger speichern. Das allein ist noch kein Beinbruch. Sollte es Sie dennoch stören, haben Sie mit TDPACK die Gelegenheit, die Symboltabellen in 'EXE'-, 'COM'- beziehungsweise 'TDS'-Dateien komprimieren zu lassen. Auf die Funktionsfähigkeit des Turbo-Debuggers hat dies jedoch keinen Einfluß.

```
TDPACK Version 2.5 Copyright (c) 1988, 1991 Borland International, Inc.

Syntax: TDPACK FileName

TDPACK compresses the symbol information used by Turbo Debugger.

  FileName specifies an .EXE or .TDS file containing the symbol
  information required by Turbo Debugger. If no extension is
  specified as part of FileName, TDPACK will look for
  FileName.EXE and FileName.TDS, in that order. If an extension
  of COM is specified, TDPACK will look for the corresponding TDS
  file.

Examples:

  TDPACK myprog
  TDPACK myprog.exe
  TDPACK myprog.tds
  TDPACK myprog.com
```

Bild F-3 TDPACK-Aufruf

Als letztes Zusatzprogramm befindet sich auf einer Debugger-Diskette das Programm TDUMP. Auch wenn im Handbuch zu lesen ist, daß es sich hierbei um ein Programm zum «Disassemblieren» handeln soll, möchte ich alle enttäuschen, die einen Assembler-Quelltext als Ergebnis erwarten. Zu leicht wäre es dann, Unterprogramme aus lauffähigen Programmen zu extrahieren, damit diese in eigenen Anwendungen eingesetzt werden könnten. Jeder Programmierer ist stolz auf seine selbstentwickelten Programme, denn sie beinhalten in gewisser Weise einen Spiegel seiner Programmierkünste. Zu Recht möchte er für kommerzielle Programme entsprechend entlohnt werden und besteht auf dem Schutz seiner «Schöpfung».

```
Turbo Dump  Version 2.5 Copyright (c) 1988, 1991 Borland International

Syntax:    TDUMP [options] InputFile [ListFile] [options]

TDUMP dumps InputFile (executable or object) file information.

    -a        ASCII File Display
    -a7       Display File in 7-Bit Mode
    -b#       Offset into file for Display
    -e        DOS Executable File Display
    -el       Disable Line Number Display
    -er       Disable Relocation Record Display
    -h        Hexadecimal File Display
    -l        Library Format File Display
    -m        Disable C++ name de-mangling
    -o        Object Format File Display
    -oc       CRC Check Object File Records
    -oiID     Include Object File Record "ID"
    -oxID     Exclude Object File Record "ID"
    -v        Verbatim Record Display
```

Bild F-4 TDUMP-Aufruf

Folgerichtig liefert Borland ein Programm, mit dem «nur» Informationen in hexadezimaler Schreibweise ausgegeben werden. Diese sind aber angereichert mit Informationen über den internen Aufbau von übersetzten Programmen. Wer damit eigene Programme untersuchen möchte besitzt sowieso den Quellcode dazu. Es ist nicht unmöglich, dieses Hexadezimalformat in Mnemoniks zu übersetzen, auch das sei hier deutlich gesagt. Aus den TASM-Handbüchern und anderen einschlägigen Büchern kann entnommen werden, wie die einzelnen Befehlsbytes zustande kommen. Eine Darstellung in diesem Buch wäre seitenfüllend und ginge an den Belangen eines Einsteigers in die Maschinenprogrammierung vorbei.

Literaturhinweise

Außer den Handbüchern zu den Borland-Produkten *Turbo Assembler* und *Turbo Debugger*, sowie den dazugehörigen Utility-Programmen (*TLINK*, *TLIB*, etc.) kann ich die folgenden Bücher für weitergehende Informationen empfehlen:

Duncan, Ray
Advanced MS-DOS (engl.)
Microsoft Press, 1986
MS-DOS für Fortgeschrittene (deutsch)
Vieweg Verlag, 1989

Rector, Russel
Alexy, George
Das 8086/8088 Buch
tewi Verlag, 1982

Smode, Dieter
Das große MS-DOS-Profi-Arbeitsbuch
Franzis Verlag, 1988

Peter Norton
Peter Norton's Assemblerbuch
Verlag Markt & Technik, 1988

80286 & 80287 Programmer's Reference Manual
Intel Semiconductor GmbH

80386 Programmer's Reference Manual
Intel Semiconductor GmbH

i486 Microprocessor Programmer's Reference Manual
Intel Semiconductor GmbH

Blank, Hans-Joachim
Bernstein, Herbert
PC-Schaltungstechnik in der Praxis
Verlag Markt & Technik, 1989

Hering, Ekbert
Software-Engineering
Vieweg Verlag, 1984

Nelson, Ross P.
Programmierhandbuch 80386
Vieweg Verlag, 1989

Fedtke, Stephen
80286/80386/i486 effizient programmiert
Vieweg Verlag, 1991

Verzeichnis der Bilder

Verzeichnis der Tabellen

Sachwortverzeichnis